枣树遥感生长监测研究

白铁成 李 旭 著

北京邮电大学出版社
www.buptpress.com

内 容 简 介

本书以遥感技术为核心，结合地理信息系统和机器学习等先进技术，系统研究了枣树生长的监测与分析方法。首先，介绍了遥感技术在农业领域的应用背景和意义，阐述了遥感在枣树生长监测中的优势和局限性。其次，详细介绍了不同类型的遥感传感器及其在枣树监测中的应用，包括光学遥感、微波遥感等。再次，对遥感影像的获取、处理和解译方法进行了深入探讨，包括图像预处理、特征提取和分类技术等，并在此基础上，系统分析了枣树生长的空间分布规律和动态变化趋势，探讨了影响枣树生长的环境因素及其遥感监测方法。最后，结合机器学习算法，构建了枣树生长状态的预测模型，实现了对未来枣树生长的准确预测。

通过对本书的学习，读者可以了解枣树生长监测领域的最新研究进展和技术方法，掌握遥感技术在枣树生长监测中的应用，为枣树种植管理提供科学、高效的决策支持。本书既可作为从事枣树种植管理和农业科研人员的参考资料，也可作为相关专业的教材。

图书在版编目（CIP）数据

枣树遥感生长监测研究 / 白铁成，李旭著． -- 北京：北京邮电大学出版社，2025． -- ISBN 978-7-5635-7515-2

Ⅰ．S665.1

中国国家版本馆 CIP 数据核字第 2025BK3132 号

责任编辑：王晓丹　廖国军　　责任校对：张会良　　封面设计：七星博纳

出版发行：北京邮电大学出版社
社　　址：北京市海淀区西土城路 10 号
邮政编码：100876
发 行 部：电话：010-62282185　　传真：010-62283578
E-mail：publish@bupt.edu.cn
经　　销：各地新华书店
印　　刷：保定市中画美凯印刷有限公司
开　　本：787 mm×1 092 mm　1/16
印　　张：9.5
字　　数：206 千字
版　　次：2025 年 3 月第 1 版
印　　次：2025 年 3 月第 1 次印刷

ISBN 978-7-5635-7515-2　　　　　　　　　　　　　　　　　　　　　定价：68.00 元

· 如有印装质量问题，请与北京邮电大学出版社发行部联系 ·

前　言

枣树作为一种重要的经济作物,在我国广泛种植,具有丰富的营养价值和药用价值。然而,由于受地理环境、气候条件等因素的影响,枣树的生长状况常常不稳定。因此,本书利用遥感技术对枣树的生长状况进行监测和分析,对于提高枣树的生产效率、保障果实品质具有重要意义。

随着社会的发展和经济的增长,人们对提高农业生产效率的需求日益增加。在这个背景下,农业技术的革新和智能化成为当务之急。生长环境对于枣树的发育和产量至关重要。然而,由于枣树生长的地域广泛性和生长周期的长短不一,传统的监测方法往往面临着时间成本高,人力、物力投入大等问题,难以满足实时监测和精准预测的需求。另外,传统的农业生产管理方法往往效率低下,且难以满足大规模、高效率的现代农业生产需求。

遥感技术的发展为解决这些难题提供了新的思路和方法。遥感技术通过卫星、飞机等平台获取地面、大气和水体等表面的信息,以实现对地球表面的监测和分析。在农业领域,遥感技术不仅可以提供高分辨率、大范围的土地利用信息,还能够监测植被生长状况,为农业生产提供科学的决策支持。

本书旨在探讨利用遥感技术监测枣树生长的方法和技术,为农业生产提供科学的决策支持。首先,本书将介绍枣树的生长特点和生长环境,分析影响枣树生长的主要因素。其次,本书将详细介绍遥感技术在枣树生长监测中的应用,包括数据获取、图像处理、特征提取等关键技术。最后,本书将通过案例分析,展示利用遥感技术监测枣树生长的具体方法和实践经验,为读者提供实用的操作指南。本书可为农业科研工作者、农民和农业管理者提供一份系统的参考资料,帮助他们更好地利用遥感技术监测和管理枣树生长,提高农业生产效率,实现农业可持续发展。同时,本书也欢迎读者提出宝贵意见和建议,共同探讨和完善枣树生长遥感监测技术,促进农业现代化进程。

第1章基于卷积神经网络的红枣识别研究着重介绍了利用卷积神经网络(CNN)等深度学习技术对红枣进行识别的方法和实践。通过对红枣图像数据的处理和分析,借助CNN模型的强大特征提取能力,实现对红枣的高效识别,为枣树生长监测提供了一种新的思路和方法。

第 2 章基于 Sentinel-2 数据的枣树冠层叶绿素含量反演研究重点探讨了利用 Sentinel-2 卫星数据反演枣树冠层叶绿素含量的方法和技术。通过对 Sentinel-2 数据的获取和处理，结合叶绿素指数等生长参数，实现对枣树冠层叶绿素含量的准确估计，为枣树生长状况的监测提供了重要数据支持。

第 3 章结合 Landsat 8 植被指数和物候期长度的红枣产量预测方法着重介绍了利用 Landsat 8 卫星数据，结合植被指数和物候期长度预测红枣产量的方法和实践。通过对枣树不同生长阶段的 Landsat 8 数据进行分析，结合物候期长度等因素，建立了红枣产量预测模型，为读者提供了重要的红枣生产指导。

第 4 章田间尺度骏枣产量评估的遥感同化方案研究与实现探讨了如何利用遥感同化方法评估田间尺度骏枣产量。通过对遥感数据和地面观测数据的同化，实现了对骏枣产量的精准评估，为读者提供了科学的决策支持。

作者要由衷地感谢那些在繁忙的学习中抽出宝贵时间参与讨论，提供建议，审阅草稿并做出贡献的同学们——王麒、胡立俊、赵文博、李森威、邹竞明、候凯耀、彭云仙、石子琰。你们的热情投入和无私奉献为本书的完成提供了宝贵的支持和帮助，你们的才智和努力不仅使这本书更加丰富和全面，也让整个编写过程更加愉快，你们的深度思考为本书内容的质量提供了坚实的保障，再次感谢你们的支持和付出。希望这本书能够成为学术探索和知识分享的平台，为读者带来启发和收获。

本书将系统介绍以上 4 个方面的研究内容，力求全面介绍枣树生长监测的关键技术和方法，为红枣生产提供可行的解决方案和科学的指导。希望本书能够成为广大农业科研工作者、农民和农业管理者的参考资料，为我国农业现代化事业的发展做出贡献。由于本书所涉及的知识面较广，作者的水平和经验有限，疏漏之处在所难免，恳请专家和读者批评指正。

白铁成　李　旭
2024 年 9 月于阿拉尔

目 录

第1章 基于卷积神经网络的红枣识别研究 ······················· 1

   1.1 引言 ··· 1

   1.2 数据与方法 ··· 2

      1.2.1 研究数据集 ··· 2

      1.2.2 研究过程 ·· 2

      1.2.3 训练和测试数据 ·· 3

      1.2.4 使用的检测算法 ·· 5

      1.2.5 评估指标 ·· 12

      1.2.6 检测方法的效率 ·· 12

   1.3 结果 ··· 12

      1.3.1 训练模型 ·· 12

      1.3.2 模型结果 ·· 13

      1.3.3 模型的预测结果 ·· 14

   1.4 结论 ··· 19

   1.5 讨论 ··· 20

   参考文献 ··· 21

第2章 基于Sentinel-2数据的枣树冠层叶绿素含量反演研究 ············ 26

   2.1 绪论 ··· 26

      2.1.1 研究背景及意义 ·· 26

      2.1.2 国内外研究现状 ·· 27

      2.1.3 研究内容 ·· 31

      2.1.4 技术路线 ·· 32

   2.2 数据与方法 ··· 33

2.2.1	研究区域概况	33
2.2.2	数据的获取与处理	33
2.2.3	建模方法	37

2.3 遥感数据预处理及枣树种植区域提取 ... 41
 2.3.1 遥感数据预处理 ... 41
 2.3.2 土地利用分类 ... 44
 2.3.3 土地利用数据处理 ... 48
2.4 遥感因子提取及相关性分析 ... 49
 2.4.1 遥感因子选取 ... 49
 2.4.2 样地遥感因子的提取 ... 51
 2.4.3 枣树冠层叶绿素含量变化 ... 52
 2.4.4 遥感因子和枣树冠层叶绿素含量的相关性分析 ... 53
2.5 不同生育期枣树冠层叶绿素含量反演研究 ... 55
 2.5.1 多元逐步回归模型的建立及其预测能力分析 ... 56
 2.5.2 BP神经网络模型的建立及其预测能力分析 ... 57
 2.5.3 决策树模型的建立及其预测能力分析 ... 59
 2.5.4 随机森林模型的建立及其预测能力分析 ... 60
 2.5.5 XGBoost模型的建立及其预测能力分析 ... 61
 2.5.6 选取最优模型 ... 63
 2.5.7 反演制图 ... 65
2.6 总结与展望 ... 67
 2.6.1 总结 ... 67
 2.6.2 展望 ... 68
参考文献 ... 69

第3章 结合Landsat 8植被指数和物候期长度的红枣产量预测方法 ... 76

3.1 引言 ... 76
3.2 数据和方法 ... 77
 3.2.1 研究区域 ... 77
 3.2.2 研究框架 ... 78
 3.2.3 红枣产量数据 ... 79
 3.2.4 Landsat卫星数据处理 ... 80

  3.2.5 产量建模方法 …………………………………………………… 81
 3.3 结果 ……………………………………………………………………… 84
  3.3.1 遥感图像处理结果 ………………………………………………… 84
  3.3.2 产量预测模型最佳时间的选择 …………………………………… 88
  3.3.3 产量预测模型 ……………………………………………………… 91
  3.3.4 200 个观测数据的模型验证 ……………………………………… 92
  3.3.5 区域范围的模型评估 ……………………………………………… 94
 3.4 讨论 ……………………………………………………………………… 96
 3.5 结论 ……………………………………………………………………… 99
 参考文献 ……………………………………………………………………… 99

第 4 章 田间尺度骏枣产量评估的遥感同化方案研究与实现 ……………… 106

 4.1 绪论 ……………………………………………………………………… 106
  4.1.1 研究背景 …………………………………………………………… 106
  4.1.2 选题目的与意义 …………………………………………………… 107
  4.1.3 国内外研究现状 …………………………………………………… 107
  4.1.4 研究内容与组织架构 ……………………………………………… 110
 4.2 相关理论与技术 ………………………………………………………… 111
  4.2.1 PCSE-WOFOST 作物生长模型 ………………………………… 111
  4.2.2 数据同化技术 ……………………………………………………… 115
  4.2.3 遥感反演 LAI ……………………………………………………… 116
  4.2.4 PyQt5 框架 ………………………………………………………… 116
 4.3 骏枣估产遥感同化方案设计 …………………………………………… 117
  4.3.1 基于 EnKF 算法的同化方案设计 ………………………………… 117
  4.3.2 基于 SUBPLEX 算法的同化方案设计 …………………………… 121
 4.4 骏枣遥感同化系统设计与实现 ………………………………………… 124
  4.4.1 系统设计原则 ……………………………………………………… 124
  4.4.2 系统架构 …………………………………………………………… 125
  4.4.3 开发环境、软件及工具包 ………………………………………… 126
  4.4.4 系统功能设计 ……………………………………………………… 128
  4.4.5 系统界面 …………………………………………………………… 129
 4.5 骏枣遥感同化系统测试 ………………………………………………… 130

4.5.1　系统测试环境 …………………………………………………… 130
　　4.5.2　骏枣产量估算所需数据 ………………………………………… 130
　　4.5.3　系统功能运行 …………………………………………………… 132
　　4.5.4　同化结果评价 …………………………………………………… 135
4.6　总结与展望 ……………………………………………………………… 137
　　4.6.1　总结 ………………………………………………………………… 137
　　4.6.2　展望 ………………………………………………………………… 138
参考文献 ………………………………………………………………………… 138

第1章　基于卷积神经网络的红枣识别研究

1.1　引　言

近年来,随着生产规模的不断扩大,农作物产量的预测和农作物的收获越来越难以由人工来完成,且需要投入大量的人力和物力来开展相关工作[1]。农作物产量对农民和相关部门而言一直十分重要。随着机器学习、计算机视觉和人工智能等技术的不断发展和完善,用机器代替人类完成这些任务已成为可能[2]。

林果业是新疆农业经济发展的重要推动力,也是经济增长的一个亮点[3]。红枣是新疆的重要农作物,以品质优良著称。红枣,拉丁学名为 Ziziphus jujuba Mill.,又名鼠李科枣,是一种核果,呈圆形或长卵圆形,长 2~3.5 cm,直径 1.5~2 cm。它的颜色从红色逐渐变为红紫色,中果皮肉质厚,味甜。红枣的花期在 5—7 月,生长在海拔 1 700 m 以下的山区、丘陵或平原。红枣原产于中国,在亚洲、欧洲和美洲经常被栽培[4],通常种植 3 年后才会结果,经济寿命为 60~80 年。它不仅是南疆的主要经济作物之一,也是当地农民增收的重要手段[5]。首先,枣树作为高光照作物,其生长得益于新疆充足的光照。其次,新疆昼夜温差大,而温差越大,越有利于干物质的积累,枣树就越容易获得高产。最后,新疆的水源可控性强,生产完全依靠灌溉。根据枣树对光照、温度和水分的需求,可控制红枣产量和质量。由于新疆的这些优势,再加上红枣种植面积广泛,新疆已成为中国乃至世界最大的优质干枣生产基地[6]。

近年来,许多学者对农作物识别进行了广泛研究,并重点关注基于机器学习和计算机视觉技术的自动识别。例如,光谱成像技术已被用于检测红枣的品质[7]。

Wang 等[8]探索了设置单一阈值,结合同一时间段的筛选图像与阈值龄,提取作物区红枣种植区的 NDVI 指数的方法,具有快速、方便、简单、易懂等特点。Alharbi 等[9]使用卷积神经网络等不同模型识别健康苹果和病害苹果,所有模型在测试图像上的精确度都超过了 90%,最高精确度达到 99.17%。Parth Bhatt 等[10]使用国家农业图像计划(NAIP)和无人机(UAV)图像评估了随机森林(RF)、支持向量机(SVM)和平均神经网络

（avNNet），最终得出结论：RF 效果最佳。研究人员对不同作物进行了研究。例如，Xu 等[11]使用超级绿色特征算法和最大类间方差（OTSU）方法进行分割，观察到显著的分割效果，当除草机器人以 1.6 km/h 的速度行进时，识别准确率达到 94.1%。Chandel 等[12]发现，计算机视觉与热 RGB 图像的结合有助于高通量缓解和管理作物水分胁迫。Khan 等[13]提出的方法可大规模应用于早期有效绘制小农农场的作物类型图，使他们能够规划无缝的粮食供应。还有一些研究使用不同的方法来研究同一种作物。Mirbod 等[14]通过研究使用神经网络模型对图像中的水果进行智能采样并推断缺失区域，得出的结论是，他们的方法可作为一种替代方法来处理农业成像中的水果遮挡问题，并提高测量的准确率。Wang 等[15]将 Faster R-CNN 与不同的深度卷积神经网络（包括 VGG16、ResNet50 和 ResNet101）相结合，实验结果表明，该系统能有效识别不同类型的番茄病害。Velumani 等[16]使用 Faster R-CNN 研究早期植物密度，并得出使用超分辨率方法有显著的改进效果的结论。Alruwaili 等[17]使用快速 R-CNN 研究西红柿，最终结果显示，研究中提出的 RTF-RCNN 的准确率高达 97.42%，优于传统方法。最常见的研究方向是使用不同的方法识别不同的作物，最终获得相对适合识别各种作物的方法[18-20]。

由于新疆大规模种植各种农作物，使用人力进行采摘等工作成本太高，因此出现了用机器替代人力的趋势。由于果树与其他农作物相比无法进行整体采摘和销毁，因此，通过应用精准农业和计算机视觉来实现各种任务是非常有意义的。

过去，研究人员利用各种深度学习模型对不同品种和品质的红枣进行识别和分类，但他们主要研究的是已经分类过的红枣。与此同时，相对较多的研究集中在病害和产量方面[21-22]。本研究选择了仍在树上生长的红枣图像进行检测，因此与检测已采摘的红枣相比，环境干扰因素更多。本研究的最终目的是采用合适的方法尽可能提高检测精度，最终实现红枣的在线检测。

1.2 数据与方法

1.2.1 研究数据集

本研究的数据集共收集了 4 104 张检测图像，其中，1 100 张来自 Kaggle，3 004 张通过手机从现场收集。收集的图像共分为 3 组，其中，2 400 张作为训练集，574 张作为验证集，1 130 张作为测试集。测试集中没有包括来自 Kaggle 的图像。

1.2.2 研究过程

这项研究包括 3 个主要部分。第一部分是对获得的图像进行验证，以确保图像分类的正确性。第二部分是模型训练，也就是使用不同方法按照一定比例随机抽取图像进行训练，并获得相应的模型。第三部分是验证阶段，用得到的图像年龄模型预测验证集图像，得到相应的结果。本研究中使用的 Faster R-CNN 和 YOLOv5 的基本流程如图 1.1 所示。图 1.1 中描述的具体流程与本研究中使用的深度学习算法的具体工作流程有关，其主要目的是在相应的算法研究过程中更好地控制工作流程，更高效地完成任务，并在协作中发挥重要作用。

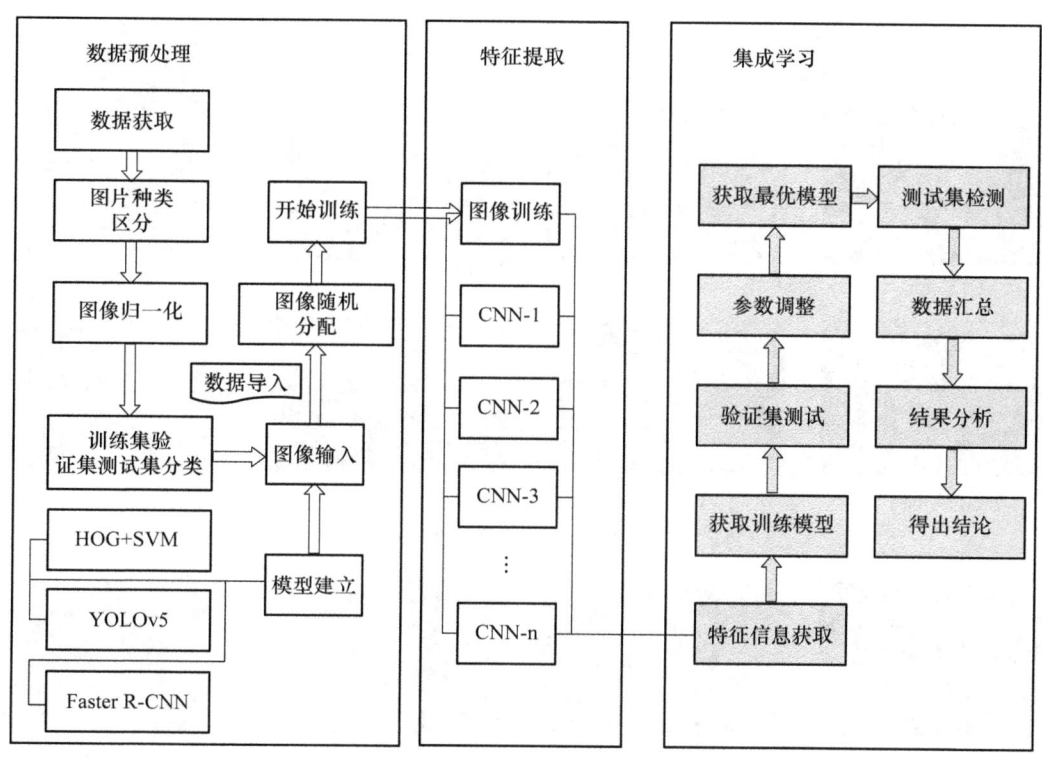

图 1.1 Faster R-CNN 算法和 YOLOv5 算法的基本流程

本研究中使用的 AlexNet 算法和 HOG+SVM 算法的过程与 Faster R-CNN 和 YOLOv5 不同。在本研究中，使用 AlexNet 算法的主要目的是提高图像识别的准确率，并探索其对其他算法的适用性，因此其过程不包括图 1.1 的检测部分。此外，与卷积神经网络的训练方法不同，HOG+SVM 算法的特征提取过程与图 1.1 的特征提取部分不同。至于其他部分的具体流程，这两种算法与 Faster R-CNN 和 YOLOv5 基本相似。

1.2.3 训练和测试数据

本研究的主要目的是实现红枣的在线检测。因此，将 574 张红枣图像作为验证集，并按照一定比例随机选取训练集图像进行模型训练。图 1.2(a) 为训练集图像示例，图 1.2(b) 为验证集图像示例,图1.2(c)为测试集图像示例。图像文件下的数字是图像数量的标识符。在本研究中,训练集、验证集和测试集的图像分别存储在不同的文件夹中,对各自图像的分类是基于图像存储文件夹的名称,因此在进行图像分类时不需要标注图像名称。

虽然本研究中使用的部分数据来自 Kaggle,但这些数据与通过实地调查捕获的图像相比,与现实生活中的情况相对接近。因此,本研究中使用的来自 Kaggle 的部分公开数据集与实际情况相对接近。

(a) 训练集图像示例

(b) 验证集图像示例

(c)测试集图像示例

图 1.2 图像示例

1.2.4 使用的检测算法

在本研究中,用于图像检测的主要算法有 Faster R-CNN、YOLOv5 和 HOG+SVM,通过对这些算法进行比较来确定最适合的方法。

CNN[23]指的是卷积神经网络,主要由多个卷积层、激活函数、池化层和全连接层等组成。它是以卷积为核心的一大类网络。它主要分为两类,一类主要用于图像分类,如 LeNet、AlexNet 等;另一类主要用于目标检测,如 Faster R-CNN、YOLO 等。

1. 输入层和卷积层

输入层用于接收原始图像;卷积层用于提取图像的特征信息,并根据所选卷积核的大小遍历图像信息,最后进行汇总。卷积层公式如公式(1-1)所示,其中,x_j^l 表示第 l 层卷积层的第 j 个特征图;k_{ij}^l 表示第 l 层的卷积核矩阵;M_{l-1} 表示 Lmuri 第 l 层特征图的集合;b_j^l 表示网络偏置参数;f 表示激活函数。

$$x_j^l = f\left(\sum_{x_i \in M_{l-1}} x_i^{l-1} * k_{ij}^l + b_j^l\right) \tag{1-1}$$

用于图像特征提取的卷积核是 CNN 的主要参数之一,直接影响 CNN 的特征提取性能。激活函数定义了数据非线性映射的变换方式,从而使 CNN 可以更好地解决特征表达能力不足的问题。常用的激活函数有 sigmoid、tanh、ReLU 等。

2. 池化层

池化层主要用于降采样,即根据检测特征合理地减少数据量,以达到减少计算量的目的,并在一定程度上控制过拟合。其具体计算公式与卷积层相同。

3. 全连接层和输出层

全连接层负责将卷积层输出的二维特征图转化为一维向量,从而实现端到端的学习过程。全连接层的每个节点都与上层的所有节点相连,因此被称为全连接层,其单层计算如公式(1-2)所示,其中,M 代表上层计算量,F 代表当前层卷积核的大小。

$$N = M \times F \tag{1-2}$$

全连接层的计算公式如公式(1-3)所示,其中,w^l 代表全连接层的权重,b^l 代表全连接层 l 的偏置参数,x^{l-1} 代表前一层的输出特性图。

$$x^l = f(w^l x^{l-1} + b^l) \tag{1-3}$$

多层特征提取卷积完成后,输出层作为分类器预测输入样本的类别。

1. Faster R-CNN

Faster R-CNN 是一种用于物体检测的深度学习模型,由微软研究团队于 2015 年提出[24]。R-CNN(Region-based Convolutional Neural Network,基于区域的卷积神经网络)是一种使用 CNN 检测和分类图像中物体的方法[25]。与传统的基于区域的 CNN(如 R-CNN 和快速 R-CNN[26])不同,Faster R-CNN 将区域提议过程集成到 CNN 中,因此可以大大提高了检测速度和准确率。

Faster R-CNN 模型由两个主要部分组成:一个是"区域提议网络"(RPN)[24],用于生成包含物体的可能区域;另一个是"物体检测网络",用于对这些区域进行分类和定位。RPN 使用滑动窗口和卷积特征映射来生成区域建议,而物体检测网络则使用类似于快速 R-CNN 的技术来对这些建议进行分类和定位。其理论大致如图 1.3 所示。

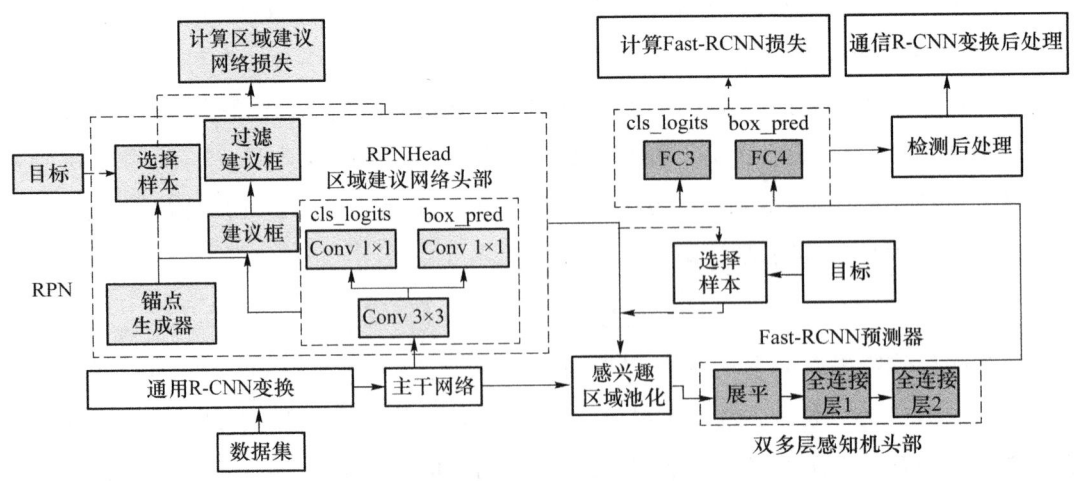

图 1.3 区域建议网络

Faster R-CNN 中使用了 RoI 池化技术,这样生成的枣箱区域候选建议图就能生成一个固定大小的特征图,用于后续的分类和回归。

本研究使用 VGG16 作为特征提取骨干网络[27],并设定下采样倍数为 16。对所用图像进行归一化处理后,进行映射和第一次量化。经 7 次池化操作后,对图像进行第二次分割和量化。每个小区域取最大像素值代表该区域,49 个小区域输出 49 个像素值,形成 7×7 的特征图。

同时,与快速 R-CNN 相比,Faster R-CNN 模型的主要优势在于 RPN 结构,具体如图 1.4 所示。

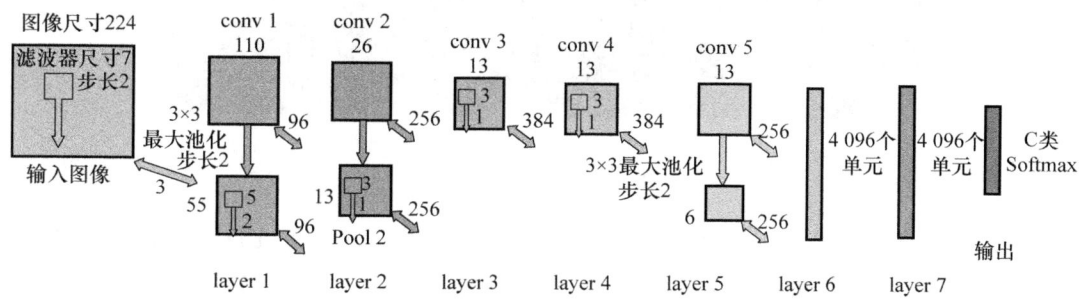

图 1.4　RPN 结构

在 RPN 的前五层中,第一个值是输入图像的大小,例如,假定输入图像的大小为 224×224×3。导入后,就是第一层的卷积核,其尺寸为 7×7×3×96。根据上述数据,conv 1 得到的结果是 110×110×96,110 的原点由公式(1-4)得到,其中,W_1 是输入图像的大小,W_2 是卷积核的大小,P 是零的填充,2 是跨距。

$$W=(W_1-W_2+P)/2+1 \tag{1-4}$$

再次进行池化,得到 Pool 1。池化内核的大小为 3×3,因此池化后的图像尺寸为 55×55×96,与上述过程相同,如公式(1-1)所示。layer 2 卷积过程相同,核大小为 5×5×96×256,得到 conv 2 为 26×26×256。其余过程相同。

模型训练完成后,使用模型对图像进行检测,得到最终结果。

在本研究中,Faster R-CNN 使用的模型是 VGG16,尽管该模型已经存在了一段时间,但依旧表现出了卓越的性能。使用的损失函数是 L1 损失,尽管它对收敛速度有影响,但避免了梯度等其他问题,且取得了良好的效果。IoU 为 0.5:0.95,增量为 0.05。卷积核为 3,步长为 1。池化核为 2,步长为 2。图 1.5 为本研究中测试结果的一个示例。

Faster R-CNN 引入了 RPN 来快速生成候选红枣对象区域,从而在保持高检测精度和提高检测速度的同时缩短检测时间。此外,Faster R-CNN 还具有更好的可扩展性和更简便的端到端训练。

图 1.5　测试结果示例

总之,Faster R-CNN 是一种高效、准确的目标检测算法,与传统目标检测算法相比,其具有高精度、高效率和灵活性等优点,应用前景广泛。

2. YOLOv5

YOLO[28-30]系列是一种基于深度学习的单阶段[28]回归方法。由于其具有高速度和高准确率,是著名的物体检测算法之一。与两阶段[24,31]的 Faster R-CNN 相比,YOLO 不包括获取区域建议的过程,其操作流程如图 1.6 所示,其中,F 为未来 mAP,C 为置信度,P 为类别概率,GT 为地面实况。首先,对输入数据进行处理并进行数据增强。YOLOv5 在输入端使用了马赛克数据增强技术,大大提高了对小物体的检测精度。此外,在选择锚点时还采用了自适应锚点计算。其次,在骨干部分,YOLOv5 在输入后引入了一个 FCOS 层,它与 YOLOv2 中的直通层类似。该层将通道数增加到原始特征图的 4 倍。YOLOv5 的颈部采用 CSP 结构,主要利用 FPN(特征金字塔网络)和 PAN(路径聚合网络)进行下采样和上采样,从而得到三张不同比例的特征图用于预测。在损失部分最显著的变化在于样本锚点区域的计算。在这一部分,匹配过程包括计算边界框(bbox)和当前层锚点之间的纵横比。如果长宽比超过阈值,则认为锚点与 bbox 不匹配,并将 bbox 作为负样本丢弃,剩余的 bbox 被分配到相应的网格单元,而相邻的两个网格单元也被视为 bbox 的潜在预测器。与之前的版本相比,YOLOv5 的正样本的数量至少增加了 3 倍。因此,对于一个 bbox,至少有 3 个锚点与之匹配。损失函数的计算一般分为 3 个部分:分类损失、置信度损失和定位损失。分类损失和置信度损失仍然使用二进制交叉熵(BCE)损失,而定位损失则使用 GIoU(广义相交联合)损失。

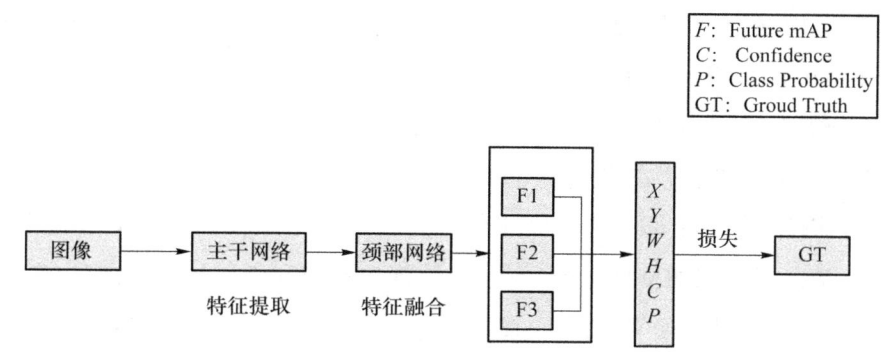

图 1.6　YOLO 操作流程

之前的 YOLO 系列相比，YOLOv5 最大的不同在于锚点的处理机制，这使得 YOLOv5 的收敛速度更快。

输入端，YOLOv5 采用了 Mosaic 数据增强方法，大大提高了识别小物体的能力。在骨干部分，YOLOv5 在输入后增加了一个 FCOS，与 YOLOv4 相比，YOLOv5 的通道数是原始特征图的 4 倍。YOLOv5 与之前的 YOLO 系列相比，在损失部分做了很多改动。在之前的 YOLO 系列中，每个地面实况都对应唯一的锚点，而该锚点的选择方法是选择与地面实况 IoU 最大的锚点，不考虑一个地面实况对应多个锚点的情况。然而，YOLOv5 采用的匹配规则涉及计算 bbox 和当前层锚的纵横比。如果长宽比大于阈值，则认为锚点和 bbox 不匹配，bbox 将被丢弃并视为负样本。对剩余的 bbox 进行计算，以确定它属于哪个网格，并找到相邻的两个网格，同时考虑所有三个网格以预测 bbox。这样一来，正样本的数量至少是之前的 3 倍。损失函数总体上分为类别损失、置信度损失和定位损失。类别损失和置信度损失仍使用 BCE 损失，但定位损失以及 $w、h、x$ 和 y 损失则使用 GIoU 损失。具体来说，GIoU 是对 IoU 的改进，IoU 意为"交集大于联合"（Intersection Over Union），具体如公式（1-5）所示，其中，A 和 B 分别表示预测帧和实际帧的边界框，C 表示它们的最小凸包。

$$\text{GIoU} = \text{IoU} - (C - (A \cup B))/C \tag{1-5}$$

在本研究的 YOLOv5 算法中，使用 BEC Logits 损失函数计算分类损失，使用交叉熵损失函数（BCE clsloss）计算置信度损失，使用 GIoU Loss 计算边界框。预测中的抑制采用非极端抑制（Non-extreme Suppression）。初始学习率为 0.001，使用的优化器是在测试 optim.Adagrad、optim.RMSprop、optim.SGD 和 optim.Adam 后选择的。使用不同学习率的结果各有利弊。本研究中测试了 YOLOv5 的 depth_multiple 和 width_multiple 参数，并选择 0.3 和 0.5 作为研究数据。

3. AlexNet

由于早期的图像检测研究效果不佳，因此考虑采用图像识别算法来辅助图像检测。

本研究使用的网络模型与传统模型略有不同。AlexNet 网络模型是 Alex Krizhevsky[32]在 2012 年设计的深度卷积神经网络模型。由于该模型的层数不是很深,且具有良好的分类性能,本研究在 AlexNet 模型的基础上构建了一个 CNN 模型,其模型示意图如图 1.7 所示。图 1.7 左侧为原始 Alex 模型,右侧为修改后的模型。与 AlexNet 模型不同的是,该模型去掉了部分卷积层和全连接层,增加了部分池化层,对局部响应进行归一化处理,消除了数据的维度差异,有利于数据的利用和快速计算。同时,在相邻卷积核生成的特征图之间引入竞争,使一些在特征图中突出的特征更加突出,在相邻的其他特征图中则被抑制,从而降低了不同卷积核生成的特征图之间的相关性。

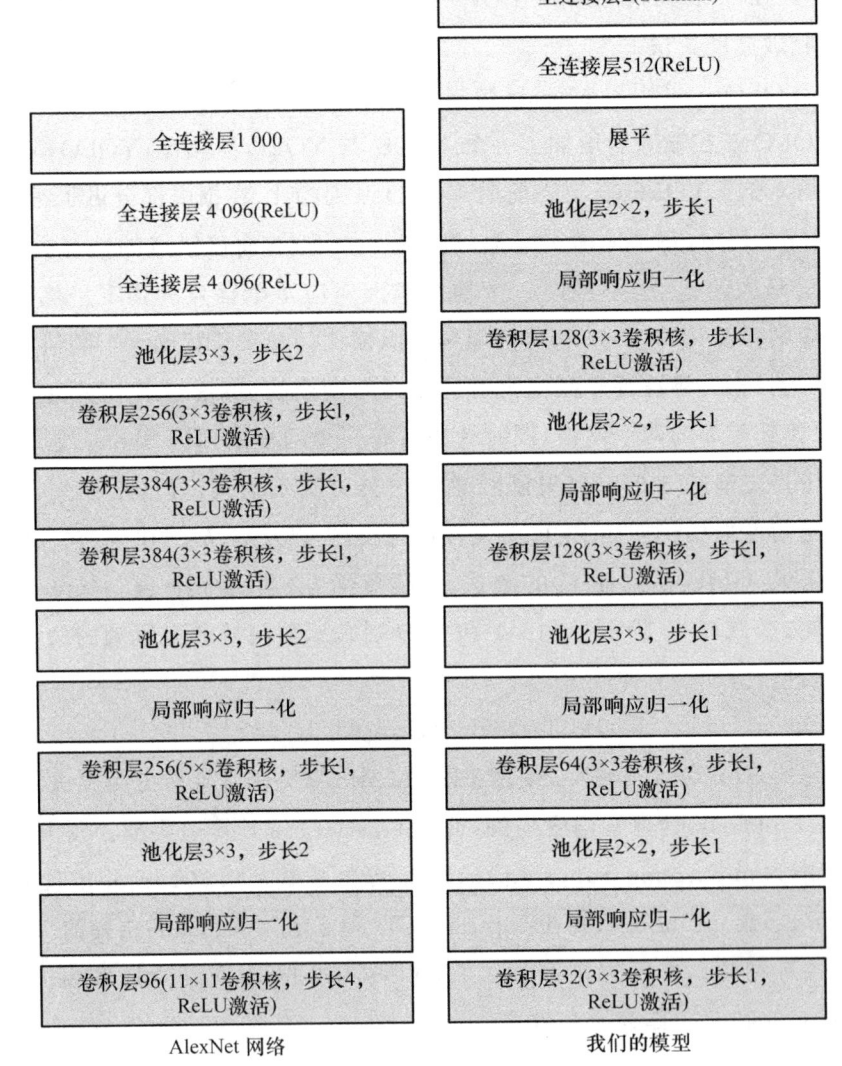

图 1.7 模型示意图

CNN中普通全连接层的激活函数通常使用ReLU等激活函数,而最后一个全连接层是Softmax分类层,用于预测每个类别的概率,其表达式如公式(1-6)所示,其中,x为全连接层的输入,W^T为权值,b为偏置项,y为Softmax输出的概率。

$$y = \text{Softmax}(z) = \text{Softmax}(W^T x + b) \tag{1-6}$$

4. HOG+SVM

定向梯度直方图(HOG)[33]是法国人Dalal在2005年CVPR会议上提出的一种特征提取算法,并与SVM结合用于行人检测。作为一种传统的物体检测算法,它在当时的行人检测中取得了巨大的成功,在图像手工特征提取方面具有里程碑式的意义。

HOG的主要目的是对图像进行梯度计算,计算出图像的梯度方向和梯度大小。提取的边缘和梯度特征可以很好地捕捉局部形状的特征,而且由于对图像进行了伽玛校正,并使用单元法进行了归一化处理,因此对几何和光学变化具有良好的不变性,变换或旋转对足够小的区域的影响很小[34-35]。

HOG基本思想是先将图像划分为许多相连的小区域,即单元,再通过投票计算单元的梯度幅度和方向,根据梯度特征形成直方图。直方图在图像的较大范围内(也称为区间或块)进行归一化处理,归一化后的块描述符称为HOG描述符(特征描述符)。将检测窗口中所有块的HOG描述符组合成最终的特征向量,最后使用SVM分类器对目标和非目标进行二元分类(检测)。详情如图1.8所示。

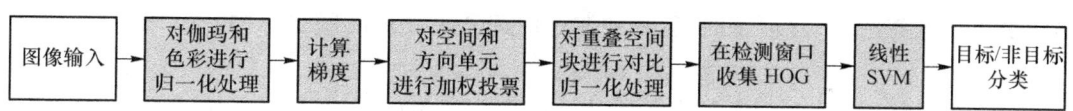

图1.8 HOG流程

在检测过程中,HOG检测到的局部物体形状可以通过梯度或边缘方向的分布进行去刻画,HOG能够很好地捕捉局部形状信息,对几何和光学变化具有良好的不变性。同时,HOG是通过对图像块进行密集采样得到的,计算得到的HOG特征向量隐含了图像块与检测窗口之间的空间关系。图像检测过程如图1.9所示,HOG特征值的计算如图1.10所示。

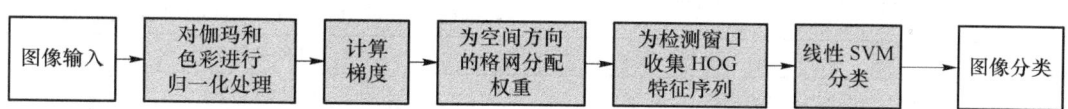

图1.9 HOG+SVM图像检测过程

与深度学习算法相比,HOG+SVM算法的训练速度更快,但在获取特征描述方面比较吃力,实时性较差;在处理遮挡问题和目标变化较大时,比较吃力。由于梯度的特性,HOG对噪声相当敏感,必须进一步处理。

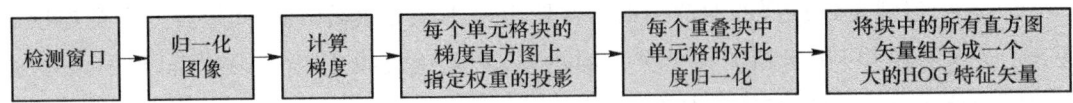

图 1.10　HOG 特征值的计算

1.2.5　评估指标

关于检测模型，目前使用平均精度作为目标检测的标准指标，它也被用作 COCO 数据集的评估指标[36]。本研究使用的精度评估指标为 F1 分数、精度和召回率，如公式(1-7)~公式(1-9)所示，其中，TP 表示正确检测，FP 表示非目标检测，FN 表示漏检。

$$F1=(2PR)/(P+R) \tag{1-7}$$

$$P=\text{TP}/(\text{TP}+\text{FP}) \tag{1-8}$$

$$R=\text{TP}/(\text{TP}+\text{FN}) \tag{1-9}$$

1.2.6　检测方法的效率

检测方法的效率是实验中重要的指标之一。在本研究中，与这方面相关的结果直接用时间长短来表示，这样比较直观。

在本研究中，由于每种方法最终选择的模型训练迭代次数不同，因此，使用不同方法显示的平均训练时间、总训练时间、最快测试时间和总测试时间也不同。

1.3　结　　果

本研究的实验在本地 PC 上进行，模型的实验环境配置如表 1.1 所示。

表 1.1　实验环境配置

软硬件/系统	配置
system	Windows
CPU	Intel(R) Core(TM) i7-10750H CPU @ 2.60 GHz
GPU	GTX 1650Ti
Development Languages	python 3.8
Deep Learning Framework	torch 1.12.0+tensorflow 2.3.1
Accelerated Environment	CUDA 11.6

1.3.1　训练模型

在本研究中，我们进行了反复实验，以获得研究成果。在实验过程中，由于所使用的两个深度学习模型在训练后可以保存,因此我们会定期保存模型。在进行对比测试后,我们选择了性能最好的模型。在本研究中,我们使用了标注法来标记标签,标签分为红枣和其他标签,标记图像示例如图1.11所示。

图1.11 标记图像示例

为了确保图像能够抵御几何变换的攻击,建立图像的不变性,并加快训练网络的收敛速度,我们选择对图像进行归一化处理,将所有图像的尺寸转换为640×1 280。虽然这种归一化操作会使图像发生一定程度的变化,而且有些图像的分辨率较低,但多次使用不同分辨率进行测试后发现,结果基本不受影响。

1.3.2 模型结果

使用Faster R-CNN方法时,训练过程中没有出现明显的过拟合现象。随着训练迭代次数的增加,损失率逐渐降低,准确率逐渐提高。训练迭代5 000次时,损失率基本稳定,训练数据也没有出现过拟合问题。本研究最终选择了经过5 000次迭代训练的模型。

使用YOLOv5算法时,随着训练迭代次数的增加,准确率和损失率不断提高。当迭代次数达到40次时,准确率和损失率逐渐趋于稳定,当迭代次数达到50次时,准确率和损失率基本达到峰值并趋于稳定。因此,本研究选择了50次迭代训练的模型。

在使用AlexNet算法进行辅助研究时,损失率逐渐降低,准确率在训练初期逐渐提高。当训练迭代500次时,这些值基本稳定。随着训练迭代次数的增加,有一个较长的稳定期。但是,当迭代次数达到1 000~1 500次时,训练结果逐渐出现过拟合现象,而且这种现象越来越明显。因此,研究结论是使用500次训练迭代可以准确地表示结果。

在使用HOG+SVM算法时,主要基于正样本和负样本进行检测。本研究共选择了1 487张图像作为正样本和负样本,并选择了565张图像作为测试集。

1.3.3 模型的预测结果

除上述方法以外,本研究还使用了各种模型进行实验。不过,由于精度问题以及过拟合和欠拟合等问题,这些方法未被纳入比较范围。

在 HOG+SVM 算法中,最终的检测准确率为 93.54%。虽然在很多情况下并不能检测到红枣图像中的所有红枣,但与传统检测方法相比,准确率还是更高的。

在使用 AlexNet 算法进行辅助研究时,选择训练了 500 次的模型进行预测研究,得到的识别准确率图像如图 1.12(a)所示,识别损失率图像如图 1.12(b)所示。

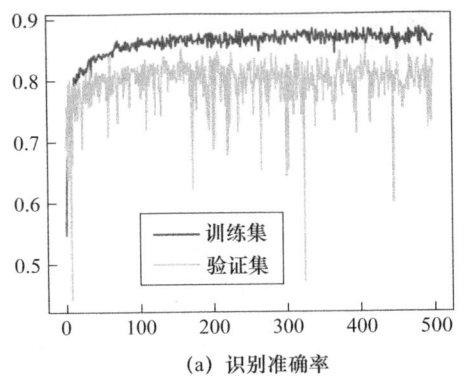
(a) 识别准确率

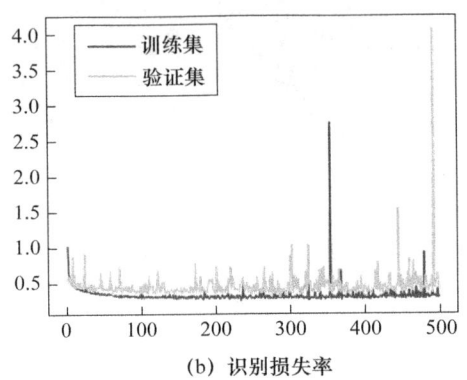
(b) 识别损失率

图 1.12 训练集和验证集的准确率和损失率

通过图 1.12 可以发现,前 200 次训练的准确率明显提高,损失率明显降低。在随后的训练过程中,虽然结果有一定程度的波动,但总体趋势是准确率提高,损失率降低,且逐渐趋于稳定。训练准确率基本稳定在 0.87,验证准确率基本稳定在 0.83。训练损失率基本稳定在 0.30,验证损失率基本稳定在 0.45。

在 YOLOv5 算法中,准确率明显高于传统检测算法,其他干扰图像的检测准确率有所波动,主要是因为检测中的图像环境较为复杂。但本研究的主要目的是检测红枣,因此这种情况并不影响研究结果。通过训练得到的混淆矩阵如图 1.13(a)所示,总体准确率较高。F1 分数图像如图 1.13(b)所示,F1 分数在 0.2~0.4 范围内相对较好。本次测试的准确率与置信度之间的关系如图 1.13(c)所示,可以发现,当置信度达到 0.859 时,准确率为 100%。虽然准确率在置信度相对较高时达到峰值,但在置信度为 0.4 左右时准确率也相对较高,因此该结果可证明其检测效果相对较好。准确率与召回率曲线如图 1.13(d)所示,虽然有一定的波动,但总体效果良好。其他干扰图像的效果相对较差的原因被认为是其他图像在训练时没有标记。召回率与置信度曲线如图 1.13(e)所示,通过召回率与置信度曲线可以发现,结果与上述基本一致。红枣的曲线相对较好,其他干扰曲线有所波动,当然,这也可能是由训练集中其他干扰对象的标注造成的。

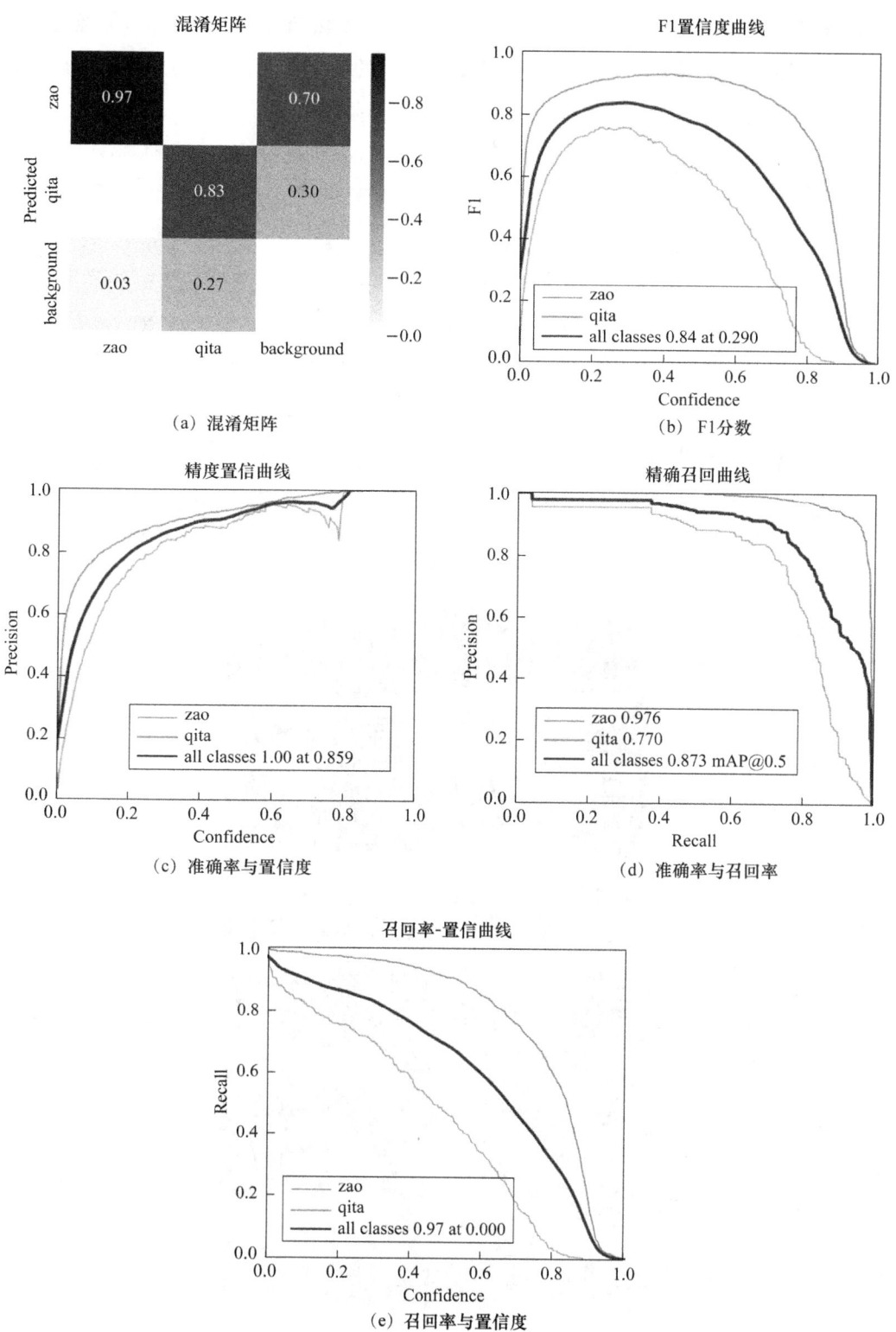

图 1.13　YOLOv5 的相关图像

最终训练的遗漏率如图1.14(a)所示,可以发现,虽然趋势有一些波动,但经过50次训练后,训练结果基本稳定,发展良好。部分验证集的结果如图1.14(b)所示,可以发现,虽然存在一些欠拟合和过拟合的问题,但总体效果还是不错的。

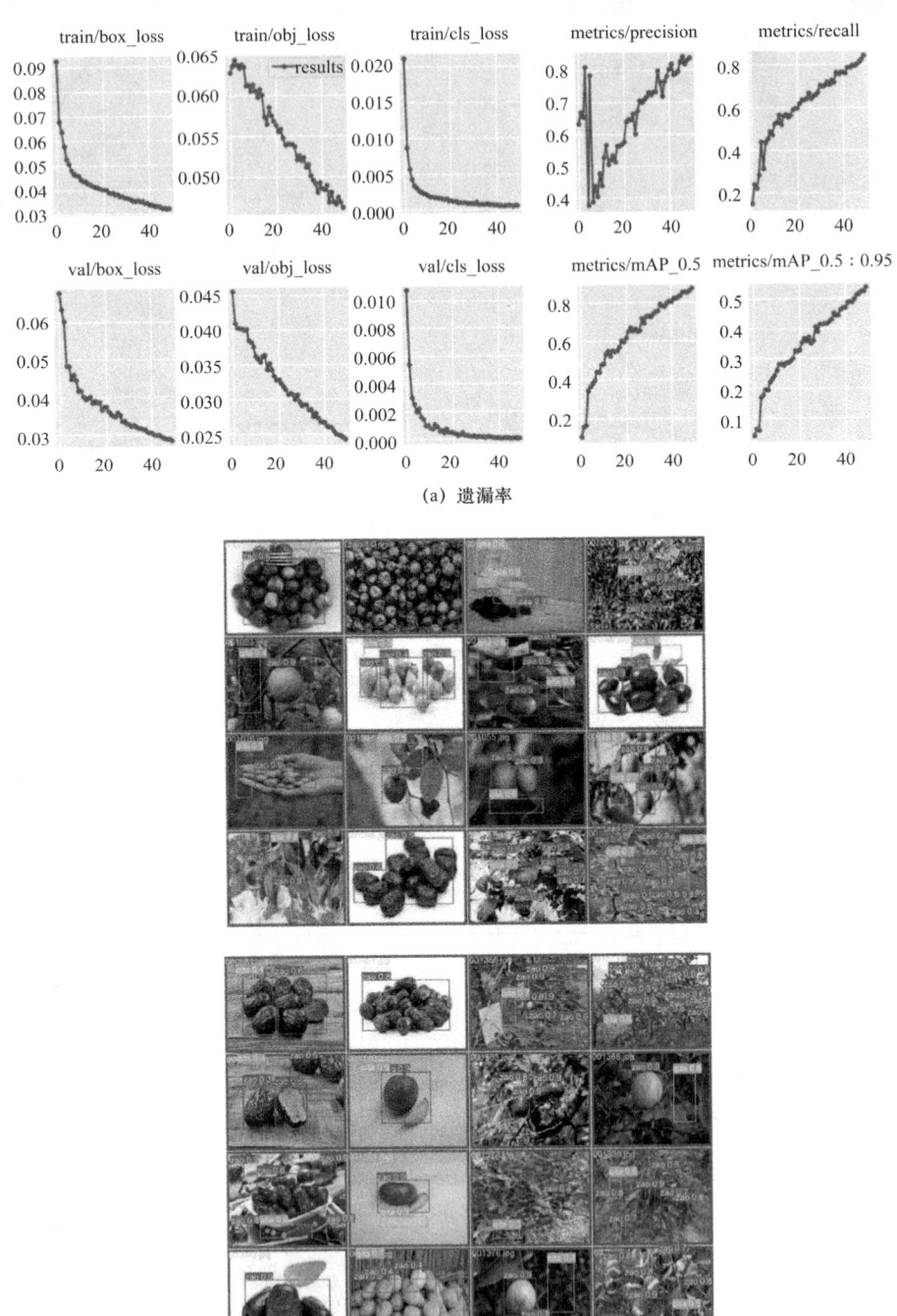

图1.14 YOLOv5的相关验证结果

在实验测试集中,由于测试环境比验证复杂,部分图像的检测结果略低于验证集。但总体检测效果较好,最终完全检测到的图像占 35.58%,由于拟合不足而部分检测到的图像占 59.29%,出现过拟合现象的图像占 5.13%。如图 1.15 所示。

(a) 完全检测到的图像　　　　　　　　　　　　(b) 拟合不足的图像

(c) 拟合过度的图像

图 1.15　YOLOv5 相关检测结果

在 Faster R-CNN 方法中,当训练迭代次数为 5 000 次时,训练集和验证集的损失率和准确率基本稳定,因此后续研究选择了该模型。验证集的部分图像示例如图 1.16 所示。

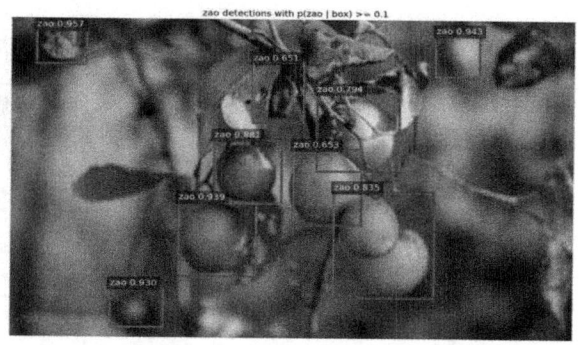

图 1.16　验证集部分图像示例

在该模型中,所有红枣图像都能被识别,识别率为100%。在检测过程中,大部分图像的检测效果良好,但也有一些图像没有完全检测到所有红枣,如图1.17所示,这种情况约占所有检测图像的36%。此外,还存在过拟合现象,如图1.18所示,这种情况约占所有红枣检测图像的17%。

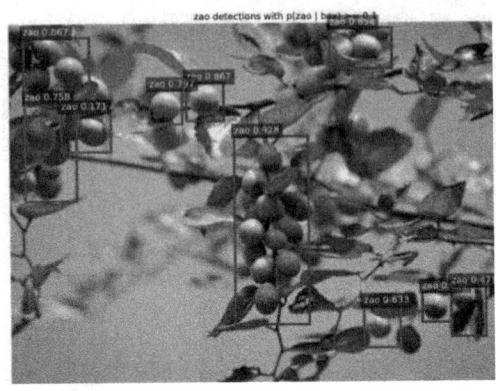

图1.17　未被完全检测图像示例

图1.18　检测中的过拟合现象

各检测方法的比较结果如表1.2所示。

表1.2　各检测方法的比较结果

方法	平均训练时间/s	整体训练时间/s	最快测试时间/s	整体测试时间/s	精度/%
Faster R-CNN	8.37	41 846	1.7	3 051	100
YOLOv5	189	9 450	0.2	339	100
HOG+SVM	822	822	0.09	102	93.55
AlexNet	162	16 200	2.8	4 294	86

从表1.2可知,Faster R-CNN的单次训练速度最快,但最终训练时间较长。在精度

要求较高的情况下，YOLOv5 的模型训练速度最快，测试速度也最快。在不控制精度的情况下，HOG＋SVM 的测试速度最快。

在完成全部实验并得出最终结果后，对不同方法的精度、召回率和 F1 分数进行了总结，具体数值如表 1.3 所示。

表 1.3 不同方法的精确度、召回率和 F1 分数汇总表

方法	精度/％	召回率/％	分数/％
Faster R-CNN	100	99.65	99.82
YOLOv5	100	97.17	98.56
HOG＋SVM	93.55	82.79	87.84

从表 1.3 可知，与其他两种方法相比，HOG＋SVM 的精度、召回率和 F1 分数相对较低，Faster R-CNN 和 YOLOv5 的精度均为 100％，且 Faster R-CNN 的召回率和 F1 分数略高。因此，本研究采用的 Faster R-CNN 算法相对更优。

1.4 结　　论

在本研究中，Faster R-CNN 算法和 YOLOv5 算法在检测复杂多样的物体环境类型时具有较高的准确率和良好的普适性。因此，这两种算法原则上可以实现红枣在线检测的目标，同时可以接受更多种类的信息和身份数据，以扩大规模。在计算机视觉研究中[37-39]，外部环境经常会对整体性能造成影响，如遮挡和光照问题。在本研究中，一些红枣图像存在叶片遮挡问题，而本研究中也选择了这些红枣图像进行训练，导致一些图像中被检测为红枣的叶片拟合过度。此外，有些红枣图像是朝阳拍摄的，光线严重影响了图像的检测，导致有些图像检测不完全。同时，部分红枣图像检测出多个果实相连，主要原因是拍摄的训练图像中包含大量相连果实，这些果实无法完全分离[40]。

Faster R-CNN 算法和 YOLOv5 算法虽然在预定位阶段识别效果都是 100％，但 Faster R-CNN 算法完全检测到的图像数量远远高于 YOLOv5 算法。此外，YOLOv5 的召回率和 F1 分数也略低于 Faster R-CNN。考虑农作物的特殊性，在拟合过度的图像中，只有部分叶片被检测为红枣，不会对采摘造成过大影响，但拟合不足则意味着模型无法识别红枣，对采摘等结果有很大影响[41]。

本研究中值得一提的是各种算法对图像的检测效率。HOG＋SVM 以及一些因准确率较低而未列出的算法的整体训练、验证和测试速度较快。在尝试使用 AlexNet 算法进行辅助实验时，虽然其准确率明显高于大多数传统算法，但结果仍不容乐观。YOLOv5 算

法和 Faster R-CNN 算法虽然在本研究中模型训练阶段的速度较慢,但检测精度有明显提高。检测完成后,Faster R-CNN 算法对每张图像的验证时间基本为 2～5 s,速度一般,但与 CNN 算法和其他算法的训练、验证和检测速度相比,要快 5～10 倍。在本研究环境中,YOLOv5 算法对每张图像的验证和检测速度基本在 0.2～0.5 s,比 Faster R-CNN 算法快很多。

由于农业的特殊性,在实现在线检测的情况下,如果检测误差过大,无法检测出红枣,仍然会耗费大量的人力和物力,所以在本研究的在线识别中,精度比速度更重要。比较本研究中使用的 YOLOv5 算法和 Faster R-CNN 算法,Faster R-CNN 算法在图像检测方面更具优势,其检测为红枣的符合率为 87%,明显高于 YOLOv5 算法的 64.42%。

不容忽视的是,这项研究也存在局限性。首先,用于测试的图像基本上来自同一地点,因此,无法验证所使用的模型是否同样适用于其他地区的红枣识别。其次,目前用于检测的图像都是静态图像,如果要在实际中使用,具体情况必定更加复杂,而且动态识别应在运动过程中进行,因此该区域的检测效果是暂时无效的。最后,虽然使用过拟合图像对红枣的采摘影响不大,但对果树本身必然会有影响,因此应充分检测相应的果实。此外,在使用动态视频图像进行检测时,必然会对检测效率提出更高的要求。当然,如果使用动态视频图像进行大量图像的在线检测,其准确率肯定会比单张图像高得多,而能够选择更好的角度进行图像采集,大大减少环境干扰,且使用的成像设备也将是专业设备,图像将更加精确。

1.5 讨 论

虽然与栽培数据规模相比,本研究的样本量较小,但 Faster R-CNN 和 YOLOv5 算法在本实验中取得了较高的准确率,而且检测到的对象环境类型复杂多样,显示出良好的普适性。在本研究中,Faster R-CNN 和 YOLOv5 的准确率明显高于传统算法 HOG＋SVM。这两种深度学习模型的训练速度较慢,但其模型只需要训练一个较好的模型即可。在红枣检测中,准确率显然比速度更重要,因此,本研究中使用的 Faster R-CNN 和 YOLOv5 优于 HOG＋SVM。同时,本研究中的 Faster R-CNN 算法在静态图像的识别检测中效果良好,识别准确率达到 100%,检测准确率中未出现过拟合现象的图像数达到83%。因此,本研究采用的算法是可行的。

在精确度、召回率和 F1 分数的数值分析中,Faster R-CNN 的数据是最优的,因此在本研究中,Faster R-CNN 的结果是最优的。

在今后的研究中,第一,考虑图像识别中的过拟合问题,并研究造成这一问题的主要原因。第二，考虑动态视频的图像识别检测，使实验环境更接近真实环境。第三，尝试在检测研究中加入其他类型的作物。第四，考虑 ResNet[42-43] 等模型。如果存在准确率问题，我们将把其他算法与当前算法相结合，以提高识别准确率。此外，研究人员应考虑使用 SSD 等不同算法进行实验测试。

参 考 文 献

[1] LAI J M, LI Y N, CHEN J L, et al. Massive crop expansion threatens agriculture and water sustainability in northwestern China[J]. Environmental Research Letters, 2022, 17(3): 034003.

[2] MENG X, YUAN Y C, TENG G F, et al. Deep learning for fine-grained classification of jujube fruit in the natural environment[J]. Journal of Food Measurement and Characterization, 2021, 15(5): 4150-4165.

[3] LIU M Z, LI C H, CAO C M, et al. Walnut fruit processing equipment: Academic insights and perspectives[J]. Food Engineering Reviews, 2021, 13(4): 822-857.

[4] YAO S R. Past, present, and future of jujubes—Chinese dates in the United States[J]. HortScience, 2013, 48(6): 672-680.

[5] WANG X Y, SHEN L, LIU T T, et al. Microclimate, yield, and income of a jujube-cotton agroforestry system in Xinjiang, China[J]. Industrial Crops and Products, 2022, 182: 114941.

[6] SHAHRAJABIAN M H, SUN W L, CHENG Q. Chinese jujube (Ziziphus jujuba Mill.)-a promising fruit from traditional Chinese medicine[J]. Annales Universitatis Paedagogicae Cracoviensis Studia Naturae, 2020: 194-219.

[7] WANG S M, SUN J, FU L H, et al. Identification of red jujube varieties based on hyperspectral imaging technology combined with CARS-IRIV and SSA-SVM[J]. Journal of Food Process Engineering, 2022, 45(10): e14137.

[8] WANG Y D, WANG L, TUERXUN N, et al. Extraction of jujube planting areas in Sentinel-2 image based on NDVI threshold—a case study of Ruoqiang county[C]//2022 29th International Conference on Geoinformatics. Beijing, China. IEEE, 2022: 1-6.

[9] ALHARBI A G, ARIF M. Detection And Classification Of Apple Diseases using Convolutional Neural Networks[C]//2020 2nd International Conference on Computer and Information Sciences (ICCIS). Sakaka, Saudi Arabia. IEEE, 2020: 1-6.

[10] BHATT P, MACLEAN A L. Comparison of high-resolution NAIP and unmanned aerial vehicle (UAV) imagery for natural vegetation communities classification using machine learning approaches[J]. GIScience & Remote Sensing, 2023, 60(1): 2177448.

[11] XU B R, CHAI L, ZHANG C L. Research and application on corn crop identification and positioning method based on Machine vision[J]. Information Processing in Agriculture, 2023, 10(1): 106-113.

[12] CHANDEL N S, RAJWADE Y A, DUBEY K, et al. Water stress identification of winter wheat crop with state-of-the-art AI techniques and high-resolution thermal-RGB imagery[J]. Plants, 2022, 11(23): 3344.

[13] KHAN H R, GILLANI Z, JAMAL M H, et al. Early identification of crop type for smallholder farming systems using deep learning on time-series sentinel-2 imagery[J]. Sensors, 2023, 23(4): 1779.

[14] MIRBOD O, CHOI D, HEINEMANN P H, et al. On-tree apple fruit size estimation using stereo vision with deep learning-based occlusion handling[J]. Biosystems Engineering, 2023, 226: 27-42.

[15] WANG Q M, QI F. Tomato diseases recognition based on faster RCNN[C]// 2019 10th International Conference on Information Technology in Medicine and Education (ITME). Qingdao, China. IEEE, 2019: 772-776.

[16] VELUMANI K, LOPEZ-LOZANO R, MADEC S, et al. Estimates of maize plant density from UAV RGB images using faster-RCNN detection model: Impact of the spatial resolution[J]. Plant Phenomics, 2021.

[17] LUTFI M, RIZAL H S, HASYIM M, et al. Feature extraction and Naïve Bayes algorithm for defect classification of manalagi apples[J]. Journal of Physics: Conference Series, 2022, 2394(1): 012014.

[18] YANG Q, DUAN S K, WANG L D. Efficient identification of apple leaf diseases in the wild using convolutional neural networks[J]. Agronomy, 2022, 12(11): 2784.

[19] HAO Q, GUO X, YANG F. Retracted fast recognition method for multiple apple targets in complex occlusion environment based on improved YOLOv5[J]. Journal of Sensors, 2023.

[20] LIU M J, WANG J R, WANG L L, et al. The historical and current research progress on jujube-a superfruit for the future[J]. Horticulture Research, 2020, 7: 119.

[21] LIU Y, LEI X M, DENG B, et al. Methionine enhances disease resistance of jujube fruit against postharvest black spot rot by activating lignin biosynthesis [J]. Postharvest Biology and Technology, 2022, 190: 111935.

[22] LECUN Y, BOTTOU L, BENGIO Y, et al. Gradient-based learning applied to document recognition[J]. Proceedings of the IEEE, 1998, 86(11): 2278-2324.

[23] REN S, HE K, GIRSHICK R, et al. Faster R-CNN: towards real-time object detection with region proposal networks[J]. IEEE Transactions on Pattern Analysis and Machine Intelligence, 2017, 39(6): 1137-1149.

[24] LIAO X F, ZENG X F. Review of target detection algorithm based on deep learning[C]//Proceedings of the 2020 International Conference on Artificial Intelligence and Communication Technology, Chongqing, China. 2020: 28-29.

[25] GIRSHICK R. Fast R-CNN[C]//2015 IEEE International Conference on Computer Vision (ICCV). Santiago, Chile. IEEE, 2015: 1440-1448.

[26] SIMONYAN K, ZISSERMAN A. Very deep convolutional networks for large-scale image recognition[EB/OL]. (2014-12-23). http://arxiv.org/abs/1409.1556.

[27] REDMON J, DIVVALA S, GIRSHICK R, et al. You only look once: unified, real-time object detection[C]//2016 IEEE Conference on Computer Vision and Pattern Recognition (CVPR). Las Vegas, NV, USA. IEEE, 2016: 779-788.

[28] REDMON J, FARHADI A. YOLO9000: better, faster, stronger[C]//2017 IEEE Conference on Computer Vision and Pattern Recognition (CVPR). Honolulu, HI, USA. IEEE, 2017: 6517-6525.

[29] BOCHKOVSKIY A, WANG C Y, LIAO H Y M. YOLOv4: optimal speed and accuracy of object detection[C]//Proceedings of the IEEE Conference on Computer Vision and Pattern Recognition 2020, Seattle, WA, USA, 2020: 13-19.

[30] LI H H, JI Y, GONG Z W, et al. Two-stage stochastic minimum cost consensus

models with asymmetric adjustment costs[J]. Information Fusion, 2021, 71: 77-96.

[31] KRIZHEVSKY A, SUTSKEVER I, HINTON G E. ImageNet classification with deep convolutional neural networks[J]. Communications of the ACM, 2017, 60(6): 84-90.

[32] DALAL N, TRIGGS B. Histograms of oriented gradients for human detection [C]//2005 IEEE Computer Society Conference on Computer Vision and Pattern Recognition (CVPR'05). San Diego, CA, USA. IEEE, 2005: 886-893.

[33] LI Q, QU G Z, LI Z L. Matching between SAR images and optical images based on HOG descriptor[J]. IET International Radar Conference 2013, 2013: 1-4.

[34] BEDO J, MACINTYRE G, HAVIV I, et al. Simple SVM based whole-genome segmentation[J]. Nature Precedings, 2009.

[35] LIN T Y, MAIRE M, BELONGIE S. Microsoft COCO: common objects in context[C]//European Conference on Computer Vision, 2014:740-755.

[36] ZALLUHOĞLU C. A review of COVID-19 diagnostic approaches in computer vision[J]. Current Medical Imaging, 2023, 19(7): 695-712.

[37] XU M L, YOON S, FUENTES A, et al. A comprehensive survey of image augmentation techniques for deep learning[J]. Pattern Recognition, 2023, 137: 109347.

[38] LU Y Z, CHEN D, OLANIYI E, et al. Generative adversarial networks (GANs) for image augmentation in agriculture: a systematic review[J]. Computers and Electronics in Agriculture, 2022, 200: 107208.

[39] SENGUPTA S, LEE W S. Identification and determination of the number of immature green citrus fruit in a canopy under different ambient light conditions [J]. Biosystems Engineering, 2014, 117: 51-61.

[40] WANG R Q, ZHU F, ZHANG X Y, et al. Training with scaled logits to alleviate class-level over-fitting in few-shot learning[J]. Neurocomputing, 2023, 522: 142-151.

[41] AVERSANO L, BERNARDI M L, CIMITILE M, et al. Deep neural networks ensemble to detect COVID-19 from CT scans[J]. Pattern Recognition, 2021, 120: 108135.

[42] HE R, XIAO Y P, LU X Y, et al. ST-3DGMR: spatio-temporal 3D grouped multiscale ResNet network for region-based urban traffic flow prediction[J].

Information Sciences, 2023, 624: 68-93.

[43] SONG H M, WOO J, KIM H K. In-vehicle network intrusion detection using deep convolutional neural network [J]. Vehicular Communications, 2020, 21: 100198.

第 2 章　基于 Sentinel-2 数据的枣树冠层叶绿素含量反演研究

2.1　绪　论

2.1.1　研究背景及意义

1. 研究背景

红枣是枣科枣属植物中的一种,也叫大枣、中华枣,原产于中国[1],是中国传统的食药兼用的水果之一[2]。红枣富含多种维生素、膳食纤维、矿物质、多糖和氨基酸等营养成分[3-4]。红枣的维生素 C 和铁的含量尤其丰富,有助于提高身体免疫力,预防贫血和促进血液循环。此外,红枣还具有抗氧化、抗炎、抗肿瘤和镇静安神等作用,因此在中医药学中也有广泛的应用[5]。由于适宜红枣生长的环境和气候条件较为特殊,因此其在世界上的分布范围相对较窄,根据近五年联合国粮食及农业组织(FAO)统计的全球红枣产量数据可知,中国红枣的产量占全球总产量的三分之一以上[6]。在中国的华东、华北以及中原地区,新疆地区的枣业发展较为滞后。然而,由于新疆大部分地区是砂质土壤和土壤,排水良好,有利于枣树的根系生长和发育,且新疆气候干燥多风,昼夜温差大,太阳辐射强等因素,有利于枣树的生长和果实的糖分积累,新疆成为我国闻名遐迩的"瓜果之乡"[7]。由于枣树耐旱、喜光照、耐盐碱[8],加之其兼顾经济和生态环境双重效益,红枣已经成为新疆主要的经济作物之一,种植枣树也成为农民提升经济效力和调整农业产业分布的主要手段。由于长期缺乏适时、高效、便捷且无损的枣树生长所需营养元素含量监测技术,阻碍了大规模种植红枣和进行作物生长监测工作的开展。研究区枣树种植面积为 13 万亩,约占新疆昆玉市二二四团全部耕地面积的 66%[9]。当地主要种植以骏枣为主要品种的红枣,在新疆种植红枣对经济、生态和农业产业结构都有积极的影响,可以促进当地经济发展,提高生态保护水平,同时优化农业产业结构和促进可持续农业发展。

2. 研究意义

叶绿素含量可以反映植被生长状态和光合作用的能力,通过检测和分析农作物的叶绿素含量,可以了解农作物的生长情况和健康状况,及时调整农业生产管理策略,提高农作物的产量以及品质[10]。冠层叶绿素含量(Canopy Chlorophyll Content,CCC)是植被覆盖物表面积内的叶绿素含量,可以用于衡量植被的叶绿素含量,从而及时发现植被生产异常情况,采取相应的措施进行调控,有助于评估生态系统功能,监测环境污染[11]。因此,了解冠层叶绿素含量的空间变化规律对于枣树的生产管理和研究有一定的参考意义。常规的冠层叶绿素含量获取方式是通过采集植被样品后进行化学提取和分析。然而,这个方法需要采集大量的植被样品进行烦琐的化学实验,费时费力,且会对植被造成一定的损伤,难以实现大范围内叶绿素含量的监测。遥感是指利用航空器、卫星等远距离获取地面和大气等目标物信息的技术,采集和分析遥感数据来获取地物信息[12-13]。由于其具有空间连续、高精度、低成本、快速性、非破坏性、大范围的探测能力,遥感技术已经成为反演估算农作物生物量、植被覆盖度、叶绿素含量、农作物产量等参数的核心方法[14]。

基于此,本研究主要以新疆昆玉市二二四团的部分区域为研究区,对研究区内不同生育期的和田骏枣冠层叶绿素含量进行监测,冠层叶绿素含量能够反映出植被总光合碳固定量,表征和田骏枣群体结构特征[15]。叶绿素含量的反演包括适用于较为简单的植被类型和较小研究区域的物理模型反演法,例如,PROSAIL、PROSPECT、SAIL 等;以获取的地面观测数据和遥感数据之间的关系建立模型来反演出遥感影像中的冠层叶绿素含量的经验/半统计模型反演法,例如,支持向量机、随机森林、人工神经网络等;结合物理模型和经验模型优点建立统计学模型的混合方法[16-18]。经验/半统计模型反演法广泛应用,这是因为其具有简单易行、可解释性强等特点。相比之下,物理模型反演法因对数据要求高、计算复杂度高而受到限制[19]。本研究通过 Sentinel-2 卫星遥感平台获取多光谱影像数据,并使用 SPAD-502 激光叶绿素仪测量枣树冠层叶绿素含量,对试验地新疆昆玉市二二四团骏枣种植区域不同生育期进行 11 种波段特征因子、一种组合波段特征因子以及 7 种植被指数因子,共计 19 种遥感特征因子的提取,利用多元逐步回归、BP 神经网络、决策树、随机森林、XGBoost 等 5 个回归建模方法构建估算模型,对比并分析出不同尺度下不同生育期的骏枣树冠层叶绿素含量最佳估算模型,从而实现对新疆昆玉市二二四团骏枣冠层叶绿素含量进行高效、无损、及时地获取,为昆玉市二二四团骏枣的生长发育观测及枣树林地精细化管理提供决策依据。

2.1.2　国内外研究现状

冠层叶绿素含量是衡量作物健康状况的重要参数,能够反映作物的生长状态、总光合能力等[20]。故及时准确地预估作物的叶绿素含量在农业生产过程中有重要意义。在目前的研究中,传统的估算方法不仅费时费力,还会对农作物造成损害,也不适合在大范围内进行测定[21],而利用遥感实现叶绿素含量反演已经成为农业信息化领域的一种重要技术手段。近年来,国内外许多研究人员对该技术进行了广泛的研究,下文将总结当前国内外叶绿素反演研究的研究现状、方法和原理。

遥感反演叶绿素含量为光谱反演,这种反演方法一般涉及多个特征参数,如波段反射率、植被指数等。该方法的核心思想是通过测量叶绿素吸收和反射不同波段下的光谱特征,建立叶绿素含量和光谱特征之间的关系模型,从而实现对叶绿素含量的精确估算。在多光谱中,一般选取与叶绿素吸收峰和吸收谷对应的波段作为特征波段,如在可见光和近红外波段选择 550nm、670nm 和 800nm 波段[22]。这些特征波段的反射率与叶绿素含量呈现一定的相关性,可通过线性回归等方法建立反演模型。而在高光谱中,通过测量更多的波段,可以获得更多的光谱信息,进而提高叶绿素含量反演的准确性[23]。此时,可采用光谱分解法、局部最小二乘法等方法提取特征波段,并结合物理模型、经验/半统计模型和两者的混合模型等算法建立反演模型。此外,不同作物、不同环境下的叶绿素含量反演模型存在差异性,需要在实际应用中根据具体情况进行优化和调整。

叶绿素含量反演在农业生产和资源环境监测中具有重要的应用价值。通过对叶绿素含量的精准估算,可以及时发现植物的生长异常情况,如缺水、营养不足、病虫害等问题,并采取相应措施,保障农作物的正常生长和发育;也可以推断植物对氮肥的需求量。利用这种方法,可以在施肥时避免过量使用化肥,从而降低生产成本,减少对环境的污染,并提高农作物的产量和品质;还可以准确测量作物的生长速度和产量,从而预测作物的产量和品质。这对于农民来说非常有价值,农民可以根据预测结果采取相应措施,如增加灌溉量、调整施肥时间和量等,以提高农作物的产量和品质,还可以在实时监测作物生长状态的基础上,优化农业生产管理,如制定合理的灌溉和施肥计划,选择适宜的种植密度和品种等,从而提高农作物的生产效益和经济效益。

近几年来,国内外学者已经认识到监测农作物叶绿素含量的重要性并进行了大量研究,下文将分别从叶片\冠层尺度[24-30]、多光谱\高光谱平台[31-36]和不同反演模型[37-40]介绍叶绿素含量反演研究的一些研究现状。

(1) 叶片\冠层尺度

何嘉晨等[41]以无人机 M600Pro 搭载 SENOP RIKOLA 高光谱仪计算 DSI、RSI、NDSI、MSR、OSAVI、RDVI 等 6 种植被指数,并利用一阶光谱导数计算其红边面积和红边幅值,以这 8 种光谱参数为自变量构建 CatBoost 回归模型,将无人机高光谱与机器学习算法相结合,实现了水稻冠层叶绿素含量监测的精准预测。罗小波等[42]利用多旋翼无人机搭载多光谱传感器获取多波段反射率数据,对比全子集回归、偏最小二乘回归和深层神经网络的反演精度以选取最优模型,结果表明深层神经网络为最优模型。李莉婕等[43]利用偏最小二乘回归算法,以火龙果为研究对象,建立了火龙果茎枝叶绿素含量预测模型,发现高光谱技术可以无损监测火龙果的茎枝叶绿素含量和营养状态。赵占辉等[44]利用无人机平台搭载的高光谱相机获取了研究区内玉米冠层高光谱影像,计算R、lg～R、1/lg～R、1/R等4个参数,并建立一元、多元模型对玉米冠层叶绿素含量进行了反演。苏伟等[45]以DJIS1000+无人机搭载Parrot Sequoia相机获取了海南省三亚市崖城内玉米育种基地的多光谱影像,得到了不同分辨率下的不同植被指数,并将这些植被指数与冠层叶面积指数和叶绿素含量进行回归分析,结果表明,选择不包含绿光波段的植被指数能够提高反演LAI(叶面积指数)的精度,包含红边波段的植被指数可以提高冠层叶绿素含量反演的精度。反演LAI的最优空间分辨率为0.6 m,反演冠层叶绿素含量的最优空间分辨率在0.1～0.3 m范围内。姜海玲等[46]以归一化植被指数、比值植被指数、增强型植被指数、差值植被指数和三角形植被指数为输入变量构建PROSPECT模型。

(2) 多光谱\高光谱平台

曹英丽等[47]基于采集的高光谱数据和地面水稻样本叶绿素数据,利用ELM、BPNN两种机器学习算法和5种统计回归算法建立水稻叶绿素含量反演模型。于沂卉等[48]基于地面高光谱和实测数据,利用PROSAIL模型以及连续小波变换结合人工神经网络、支持向量机和偏最小二乘回归算法反演冬小麦叶绿素。奚雪等[49]利用无人机获取冬小麦不同生育期的高分辨率多光谱图像,同时收集地面SPAD数据,所建立的倒数对数预测模型的精度较高,对试验区内冬小麦的叶绿素含量监测效果相当出色。高文强等[52]通过应用高光谱图像技术和机器学习算法,结合1DCNN建立紫丁香叶片叶绿素含量预测模型,以推算叶片中叶绿素的含量。Sun等[50]为了解决高光谱激光雷达(HSL)系统带来的主动性质,研究了基于HSL测量的RTM反演优化策略,针对HSL系统探索了几种基于查找表(LUT)的PROSPECT模型反演的调节策略。Qi等[51]探索利用叶片光谱反射率监测花生叶绿素含量,检测敏感光谱带和最佳光谱指标,建立定量模型。Wang等[52]从两个方面处理高光谱数据,建立了冬小麦不同生长阶段叶绿素含量的预测模型。一方面,对于全波段高光谱原始数据,采用Ridge回归算法,建立多元线性预测模型,使用GBRT和BP神经网络建立两个多重非线性预测模型。另一方面,使用弹性网(EN)算法对高光谱数据进行降维处理,提取敏感波段,然后使用GBRT算法和BP神经网络,建立多元非线性预测模型(EN-GBRT、EN-BP)。

(3) 不同反演模型

李晓凯等[53]针对单纯采用机器学习模型反演水稻叶片叶绿素含量模型的精确性和

稳定性差的问题，构建以极限学习机（KELM）为基础的模型，提出用仿生优化算法对基础模型进行优化的新思路，提高了机器学习模型的预测精度。丁怡人等[54]利用叶绿素荧光参数，建立了适用于滴灌棉花生长指标反演的模型。于丰华等[55]将 410 nm、481 nm、533 nm、702 nm 和 798 nm 这 5 个无人机高光谱波段作为输入变量，分别构建反演粳稻冠层叶绿素含量的粒子群优化的极限学习机和极限学习机模型，结果表明，优化的 PSO-ELM 建立的粳稻叶绿素含量反演模型比单纯的 ELM 模型反演精度更高。郭云开等[56]用 PRO-4SAIL 模拟光谱数据，再在这部分数据中添加部分实测叶绿素数据，构建 BP 神经网络反演模型，结果表明，这种方法可以解决 PRO-4SAIL 耦合 BP 神经网络模型反演叶绿素含量过拟合的问题。王念一等[57]用神经网络（NN）、支持向量机回归（SVR）、偏最小二乘法（PLSR）、随机森林（RF）等 4 种算法构建反演粳稻叶片叶绿素含量的模型。Xu 等[58]利用无人机搭载的 MiniMCA-6 多光谱相机收集了水稻冠层光谱信息，将 BN 与 PROSAIL 模型耦合，计算了水稻冠层叶绿素含量（CCC）和叶面积指数（LAI）的不同观察组合的条件概率分布，并开发了基于 BN 的水稻生长参数最大条件概率查找表。结果表明，CCC 和 LAI 作为 BN 节点的最准确反演分别是在红色归一化差异植被指数下的 720 nm、800 nm 反射率和修正简单比值指数下的 550 nm、720 nm、800 nm 反射率下实现的。与成本函数反演算法相比，BN 算法缓解了反演的病态问题，获得了更高的反演精度，基于 CCC 和 LAI 含量的 BN 与 PROSAIL 耦合模型测试集 R^2、RRMSE 和 RE 分别为 0.81、0.31 和 0.38，以及 0.83、0.36 和 0.43。雷祥祥等[59]提出利用 PROSPECT 模型同时反演蔬菜叶片叶绿素含量和 SPAD。Annala L 等[60]提出了一种使用叶光学（SLOP）特性随机模型和卷积神经网络从高光谱图像数据估计叶绿素 a 和 b 的新方法。其发现当条件和成像系统与 SLOP 模型一致时，叶绿素 a 和 b 的卷积神经网络估计器将产生可行的结果。研究者采用了将统计模型和辐射传输模型进行耦合的方法，来克服这两种模型各自的缺点[61,62]。张明政等[63]基于 Sentinel-2 影像建立了 PROSAIL 辐射传输模型，并采用基于正则化的损失函数优化以及结合光谱响应函数和高斯噪声的反演策略，去反演夏玉米冠层叶绿素含量和 LAI。甘海明等[64]将各波段光谱响应和特征波段图像纹理特征作为反演模型的输入变量，将龙眼叶片叶绿素含量作为输出变量，建立偏最小二乘回归模型和稀疏自编码（SAE）模型进行龙眼叶片叶绿素含量反演。Cortivo F D 等[65]以多光谱无人机影像和手持光谱仪获取的光谱数据为数据源，建立支持向量回归、相关向量回归、高斯过程回归、Kernel-Ridge 回归和具有 K-fold 验证的随机森林等 5 种机器学习模型反演玉米茎干的叶绿素浓度，结果表明，Kernel-Ridge 回归的 $R^2=0.904$，RMSE 为 0.057 mg/gm，故该回归模型是估计叶绿素最稳健的方法。相关向量回归预测叶绿素浓度效果（$R^2=0.87$，RMSE 为 0.06 mg/gm）令人满意，但需要更长的训练时间，以及需要进一步优化和融合基于内核的算法，以增强反演叶绿素浓度模型的可靠性。

经过几十年的发展，遥感技术已成为获取植被光谱反射率信息的重要手段，可以通过建立模型来反演农作物叶绿素含量。由于MODIS、Sentinel、Landsat等卫星具有较宽的波段间隔，具有较高的精度和空间分辨率，故常用于反演冠层尺度的叶绿素含量。而高光谱遥感数据则具有较高的波段分辨率，可以提供更详细的叶绿素含量信息，进而分析植被生理状态和生长状态。

目前常用的遥感反演叶绿素含量的模型包括物理模型、经验/半统计模型以及两者模型的混合模型3种。物理模型是基于光传输理论和辐射传输方程建立的，如PROSAIL、PROSPECT等；经验/半统计模型通常基于植被光谱反射率与叶绿素含量的经验关系建立，如常用的NDVI等；两者结合的混合模型通常需要考虑植被类型、土壤背景、大气影响等因素，以提高反演精度。

为此，本研究选取新疆昆玉市二二四团部分地区的枣树种植区为研究区域，利用ESA(European Space Agency)官网的Sentinel数据共享平台获取Sentinel-2卫星多光谱影像数据，SPAD-502激光叶绿素仪器测得的枣树冠层叶绿素含量，对研究区内枣树种植区域不同生育期进行遥感因子提取，利用5种建模方法构建枣树冠层叶绿素含量反演模型，比较得出最优模型，进而高效、及时、大规模地获取研究区内枣树的冠层叶绿素含量，为枣树的生长发育观测及枣树林地精细化管理提供监测依据。

2.1.3 研究内容

本研究的主要内容是利用Sentinel-2卫星遥感影像数据和地面实测数据，建立不同生育期的新疆昆玉市二二四团骏枣冠层叶绿素含量反演模型，并选出最优反演模型，为新疆和田地区枣树的生长状态、健康状况和营养水平提供准确的监测和评估，从而为精准农业提供重要的决策依据。主要研究内容包括以下内容。

① 对Sentinel-2影像数据进行预处理后，利用研究区的SHP文件将影像数据进行裁剪，得到研究区的影像。利用支持向量机分类法对研究区的土地利用情况进行分类，并进行总体精度验证和Kappa系数验证。

② 通过采集不同生育期的枣树冠层多光谱反射率数据和叶绿素含量数据，对冠层叶绿素含量的空间分布特征进行了分析。通过对数据进行统计计算，研究了骏枣不同生育期冠层叶绿素含量的变化规律。

③ 计算11种单波段特征因子、一种组合波段因子red/Nir以及7种植被指数因子(NDVI、DVI、RVI、EVI、GVI、SAVI、OSAVI)，共19种遥感因子与冠层叶绿素含量的相关性，选择相关系数大于0.6的遥感因子参与枣树冠层叶绿素含量反演。

④ 利用相关性极显著的遥感因子，通过建立多元逐步回归模型、BP 神经网络模型、决策树模型、随机森林回归模型、XGboost 模型，建立基于 Sentinel-2 多光谱数据的枣树冠层叶绿素含量的反演模型，并对模型的精度进行验证，筛选出不同生育期枣树叶绿素含量最佳反演模型，最后利用筛选出的最佳反演模型和提取的基于 Sentinel-2 数据的枣树种植区域的逐像元遥感因子，得到研究区不同生育期枣树冠层叶绿素含量空间分布图。

2.1.4 技术路线

本研究以新疆昆玉市二二四团内种植的枣树林地为研究对象，采用 Sentinel-2 影像数据、地面实测枣树冠层叶绿素含量数据，进行影像数据与叶绿素含量的相关性分析，选择相关系数在 0.6 以上的遥感因子作为输入变量，构建多元逐步回归、BP 神经网络、决策树、随机森林、XGBoost 等 5 种叶绿素含量反演模型，使用 R^2、RMSE、MSE、MAE 等 4 种评价指标对构建的反演模型的精度进行评价，最终确定不同生育期的枣树冠层叶绿素含量反演模型并进行反演，得出不同生育期的新疆昆玉市二二四团枣树冠层叶绿素含量空间分布图，从而实现多光谱遥感平台大尺度枣树长势监测。技术路线见图 2.1。

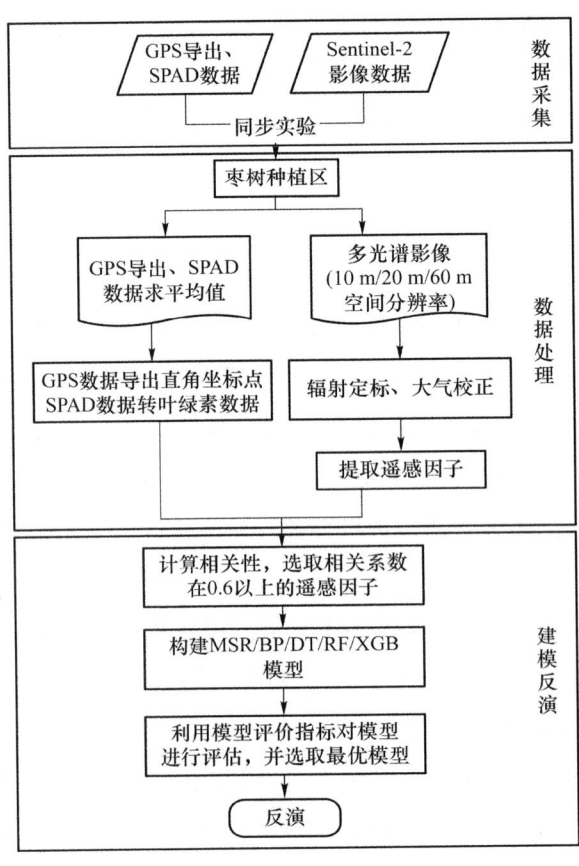

图 2.1 技术路线

2.2 数据与方法

2.2.1 研究区域概况

本书的研究区域位于新疆昆玉市二二四团,地处新疆维吾尔自治区和田地区于田县北部,地理坐标为 37°12′~37°24′N,79°11′~79°22′E,地处欧亚大陆腹地的最南部,土壤为典型的裸地土壤。该区域地势由西南向东北倾斜,高低落差较大,北面较低,南面则为喀喇昆仑山麓地形,较为平坦[66]。

该区域属暖温干旱裸地气候,年平均气温 12.2 ℃,昼夜温差大且沙尘天气较多,但光照时间长,热量丰富,适宜枣树生长。当地的骏枣产业为新疆的经济发展奠定了良好的基础。新疆昆玉市二二四团土地总面积 84 万亩,种植面积共 22.9 万亩,枣园面积约为 15.5 万亩,占总种植面积的 67.69%,防风固沙林地面积 4.6 万亩。研究区域内的枣树品种为骏枣,种植于 2012 年,种植方式为直播酸枣苗嫁接方式,矮化密植,种植密度为 4 m×1.5 m,行距 2.0~4.0 m,种植深度为 50 cm。研究区示意图如图 2.2 所示。

2.2.2 数据的获取与处理

1. 遥感数据

本研究中所采用的遥感数据是 Sentinel-2。Sentinel-2 是哥白尼计划(Copernicus Programme)的一项以高空间分辨率系统获取陆地和沿海水域光学影像的地球观测任务,包括 A、B 两颗卫星,在 Vega 运载火箭上发射,双星运行的重访周期为 5d[67]。Sentinel-2 搭载的多光谱成像仪(MSI),是一种用于获取地球表面的多光谱图像的仪器,多光谱成像仪利用不同波段的光谱信息来识别和分析地球表面上的物质和环境,可以获得高分辨率和高精度的地球表面图像和地物信息,也是唯一具有 3 个红边波段的光学成像设备,共有 13 个分辨率不同的光谱波段,包括可见光、近红外、红边、短波红外等,其空间分辨率可达 10 m,可为全球地表变化监测和环境管理提供支持[68]。Sentinel-2 多光谱各个波段的数据信息见表 2.1。

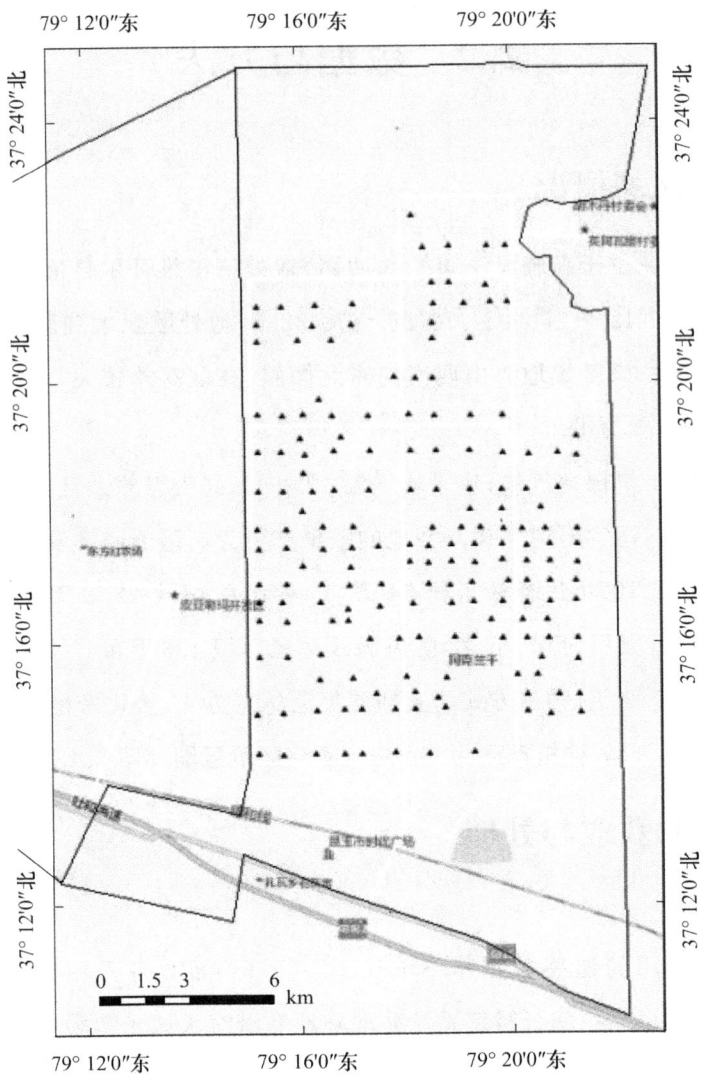

图 2.2 研究区域位置

表 2.1 Sentinel-2 多光谱各波段数据信息

波段号	波段名	波长范围/nm	中心波长/nm	波段宽度/nm	空间分辨/m
Band 1	海岸/气溶胶波段 Aerosols	411~457	434	46	60
Band 2	蓝光波段 Blue	438~534	486	96	10
Band 3	绿光波段 Green	537~584	560.5	47	10
Band 4	红光波段 Red	645~685	665	40	10
Band 5	植被红边1Red Edge 1	694~715	704.5	21	20
Band 6	植被红边2Red Edge 2	730~750	740	20	20

续　表

波段号	波段名	波长范围/nm	中心波长/nm	波段宽度/nm	空间分辨/m
Band 7	植被红边 3Red Edge 3	768~798	783	30	20
Band 8	近红外波段 NIR	770~908	829	138	10
Band 8A	窄边近红外波段 Red Edge 4	845~882	863.5	37	20
Band 9	水蒸气波段 Water Vapor	931~959	945	28	60
Band 10	短波红外 Cirrus	1 336~1 413	1 374.5	77	60
Band 11	短波红外 SWIR 1	1 538~1 683	1 610.5	145	20
Band 12	短波红外 SWIR 2	2 077~2 321	2 199	244	20

通过欧洲航天局官网获取 Sentinel-2 L1C 遥感影像数据,该数据采集时间与野外数据采集时间相近,本研究所用的 Sentinel-2 L1C 遥感影像数据具体信息见表2.2,该数据尚未进行大气校正。SNAP 软件提供了一个名为 Sen2Cor 的插件来进行大气校正[69],以用于对研究区的枣树冠层叶绿素含量估算。

表 2.2　Sentinel-2 影像数据信息

序号	采样日期	云量	卫星过境日期	卫星影像名称	最终选择
1	5.19	<10%	5.14	S2A_MSIL2C_20220514T052651_N0400_R105_T44SLG_20220514T100220	√
2	5.19	<50%	5.19	S2B_MSIL2C_20220519T052649_N0400_R105_T44SLG_20220519T09	
3		<30%	7.03	S2A_MSIL2C_20220703T052701_N0400_R105_T44SLG_20220703T102716	
4	6.28	<10%	6.23	S2A_MSIL2C_20220623T052701_N0400_R105_T44SLG_20220623T101018	
5			6.28	S2B_MSIL2C_20220628T052649_N0400_R105_T44SLG_20220628T081351	√
6	9.14	<10%	9.16	S2B_MSIL2C_20220916T052649_N0400_R105_T44SLG_20220916T081844	√
7		<30%	9.11	S2A_MSIL2C_20220911T052701_N0400_R105_T44SLG_20220911T101058	

光谱响应指光电传感器对不同波长的光辐射的感应能力,取值范围为[0,1][70]。不同传感器和波段对应不同的光谱响应值,Sentinel-2A 卫星的光谱响应曲线如图2.3所示。

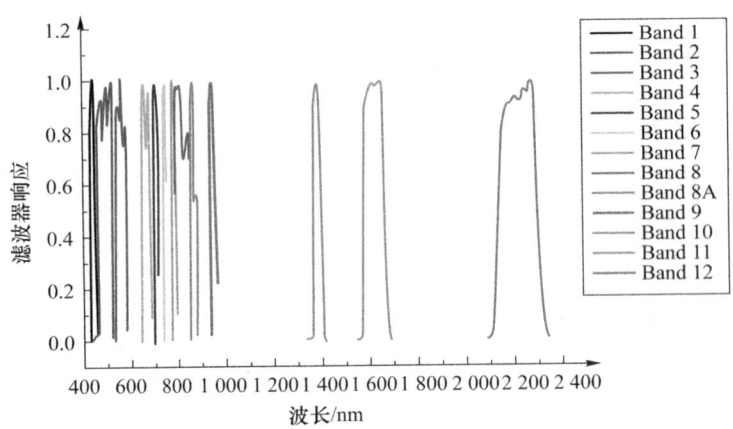

图 2.3 Sentinel-2A 各波段光谱响应曲线

彩图 2.3

2. 野外调查数据

本研究的野外实测数据主要用于验证遥感反演叶绿素含量的准确性，评估模型的适用性以及评价预测精度。使用 SPAD-502 激光叶绿素仪和五点取样法对样本点处冠层叶片进行 SPAD 值进行测量，在实验区域内事先选定了样本点，并在 2022 年 5 月 15 日、6 月 28 日和 9 月 14 日对这些样本点进行 SPAD 值的测量。取每个样本点及其周围 4 个点的测量值的平均值，并将其作为该样本点处的实测 SPAD 值。这些实测数据在经过叶绿素含量的转换后将用于本研究的冠层叶绿素含量分析。

用 SPAD-502 激光叶绿素仪进行叶绿素含量的测量。其测量范围为 2 mm×3 mm，测量误差为 ±1.0 SPAD 单位之间。该仪器的测量原理是通过测量叶片 650 nm 的红光波谱处以及 940 nm 的近红外波谱的透射率来确定叶片的相对叶绿素含量，即 SPAD 值。SPAD 值的计算公式如下：

$$\mathrm{SPAD} = K \log 10 \left[\frac{IR_1/IR_0}{R_1/R_0} \right] \tag{2-1}$$

式中，SPAD 表示叶绿素含量的相对大小，K 为常量，IR_1 和 R_1 为叶片在 650 nm 红光波段和 940 nm 近红外波段的透射率，IR_0 和 R_0 为近红外波段和红光波段的入射辐射亮度。

由于 SPAD-502 激光叶绿素仪测量的结果是无单位的数值，因此，需要利用公式(2-2)将其转化为叶绿素含量($\mu g/cm^2$)[71]。

$$C_{ab} = 6.34299 \exp(\mathrm{SPAD} \times 0.04379) - 6.10629 \quad (\mathrm{RMSD} = 5.4\ \mu g/cm^2) \tag{2-2}$$

式中，C_{ab} 为叶片叶绿素含量($\mu g/cm^2$)，SPAD 为叶绿素相对含量，RMSD 为均方根偏差，公式(2-2)经过拟合得出，其中 6.34299 和 0.04379 是经验参数，而 -6.10629 是偏差值。

2.2.3 建模方法

在本研究建模中,以遥感因子为自变量(fix),利用回归方法构建相应的模型。本研究初步选用数据回归分析方法有多元逐步回归、BP 神经网络、决策树、随机森林、XGBoost 模型,并采用决定系数、均方根误差、平均绝对误差以及均方误差检验模型可靠性。

1. 多元逐步回归

回归分析是研究一种目标变量和一个或多个预测变量之间关系的算法[72]。逐步回归是一种基于因变量与自变量的部分相关性以逐步方式自动选择的过程,这些自变量在最大化因变量的平方多重相关系数 R^2 的意义上接近最优一组选定的自变量[73]。多元逐步回归分析(Multivariate Stepwise Regression,MSR)是一种将自变量以逐步方法输入模型的算法。

多元逐步回归方程的形式如公式(2-3)所示。

$$y = \beta_0 + \beta_{1x1} + \beta_{2x2} + \cdots + \beta_{nxn} \tag{2-3}$$

其中,y 表示因变量,$x_1, x_2, \cdots, x_n$ 表示自变量,$\beta_0, \beta_1, \beta_2, \cdots, \beta_n$ 表示各自变量对应的回归系数。在进行多元逐步回归分析时,这些回归系数是通过模型拟合来确定的,以用来预测因变量 y。

2. BP 神经网络

BP 神经网络(Back propagation Neural Network,BPNN)最早出现在 20 世纪 60 年代,由输入层、隐含层(至少一个)和输出层组成。它是一个多层前馈神经网络,采用梯度下降法,利用连锁规则来优化参数。通过比较目标输出和实际输出,在输出层计算出的误差将被传播回输入层[74]。逆向传播是一种以迭代、递归和高效为主要特点的算法,它通过计算并更新神经网络中的权重来改善网络,直到网络达到训练任务的最佳表现。BP 神经网络的过程主要分为两个阶段,第一阶段是信号的前向传播,第二阶段是误差的反向传播。BP 神经网络结构如图 2.4 所示。

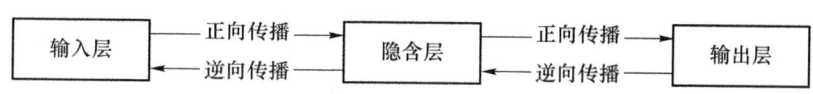

图 2.4 BP 神经网络结构

3. 决策树模型

决策树算法(Decision Tree,DT)是一种用于建立分类或回归模型的流行机器学习算法,因为它使用树状图来模拟决策及其可能的后果,所以叫决策树[75]。分类结果是一种基于 if-then-else 规则的有监督学习算法,该规则通过训练得到,而非人工制定[76]。决策树由根节点、内部节点和叶节点 3 种元素构成,具体的决策树模型如图 2.5 所示。

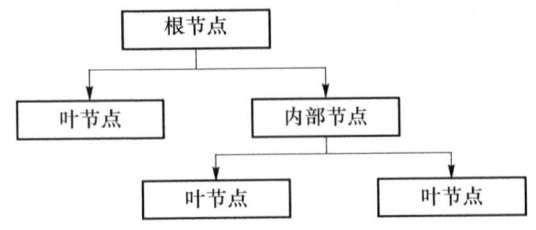

图 2.5 决策树模型

4. 随机森林

随机森林(Random Forest,RF)是机器学习算法的一种,用于分类和回归问题。它是一种集成算法,通过将多个独立训练的决策树组合起来,并对所有输出进行多数投票,以产生最终预测[77]。随机森林算法对决策树算法进行了改进,其通过在数据子集上训练一组决策树,解决了决策树过度拟合训练数据,导致容易在看不见的场景中表现不佳的重要问题。随机森林算法首先对数据集的行和列进行采样,以创建原始数据集的随机子集。过滤过程确保原始数据集中的每个特征都至少进入一个过滤数据集。为每个数据集训练单独的决策树,并收集它们的输出。从大多数树中获得的输出类别成为最终预测[78]。多个决策树的集群形成随机森林。这些树中的每一个都从原始特征的一个子集中学习。每棵树都是弱学习者,完整的森林可以在处理高方差的同时呈现准确的结果。这种集成模型技术也称为 Bagging。随机森林模型的原理如图 2.6 所示。

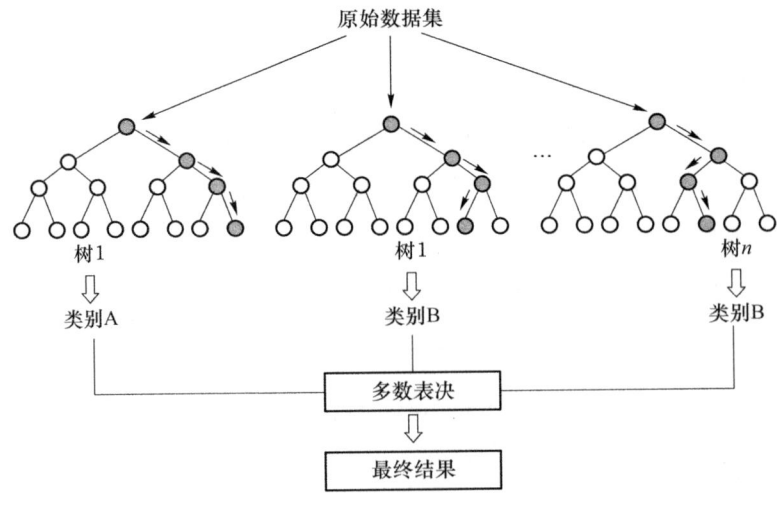

图 2.6 随机森林模型的原理图

5. XGBoost 模型

极端梯度提升树（eXtreme Gradient Boosting，XGBoost）是 Chen[79] 在 2016 年提出的，是用于监督学习的最佳性能算法之一。该算法用于解决回归和分类问题。XGBoost 算法使用先进的正则化技术来抑制权重、防止过度拟合并增强其在现实场景中的性能。最重要的是，该实现允许算法缓存数据并利用多个 CPU 内核进行快速处理。XGBoost 算法不会构建树的全部深度。它根据节点的相似性得分在特定点修剪树，即将节点的"增益"视为节点与其子节点的相似性得分之间的差异，如果得分被认为是最小的，则停止构建树。构建较小的树可以抵消过度拟合，并使得模型可以更好地泛化。对抗过度拟合意味着 XGBoost 模型在测试数据上显示出更高的准确性，从而使它们更适用于实际问题。XGBoost 是一种梯度提升技术，以决策树为基础学习器，通过迭代地训练树来不断提升模型的性能。每一次迭代，它都会加入一棵新的决策树来降低已有模型的残差误差，最终得到的模型是多棵树的加权和。此外，它也是一个集成模型，但它的不同之处在于，XGBoost 是顺序训练许多决策树的[80]。在这种顺序训练中，每棵决策树都很浅，且会根据前一棵树的误差进行调整，从而产生许多弱分类器，这些分类器组合起来会创建一个高性能模型。与一般的梯度提升和其他机器学习算法相比，XGBoost 具有一些独特的优势。XGBoost 可以处理稀疏数据，大大提高算法速度，并减少训练大规模数据的计算时间和内存[81]。XGBoost 的工作方式如下。

预测值计算公式如下：

$$\hat{y}_i = \varphi X(i) = \sigma_{k=1}^{k} f_k(X_i), \quad f_k \in F, i \in n \tag{2-4}$$

式中，$\hat{y}_i$ 表示预测值，X_i 表示输入变量，K 表示模型中树的数量，f_k 表示第 k 棵树。

为求解上式，需通过最小化损失函数和正则化目标找到最佳函数集。目标函数计算公式如下：

$$L(\varphi) = \sum_{i=1}^{n} l(\hat{y}_i, y_i) + \sum_{K=1}^{K} \Omega(f_k) \tag{2-5}$$

式中，l 表示损失函数，是预测值 $\hat{y}_i$ 与实测值 y_i 之间的差值；Ω 是衡量函数复杂度的正则项。

$$\Omega(f_k) = \gamma T + \frac{1}{2} \sum_{j=1}^{T} w_j^2 \tag{2-6}$$

式中，T 表示树的叶子数，w_j 是第 j 片叶子的权值，γ 是一个超参数，用于控制正则化强度。

在决策树中,为了最小化目标函数提升被用于训练模型中,通过在模型保持训练时添加一个新函数 f 来工作。因此,在第 t 次迭代中,添加了一个新树,如下:

$$\widetilde{L}(t)\left(q=-\frac{1}{2}\sigma_{j=1}^{T}\frac{\left(\sum\limits_{i\in g_i}g_i\right)^2}{\sum\limits_{i\in l_i}h_i+\lambda}+YT\right) \quad (2\text{-}7)$$

式中,T 为剩余节点数,λ 和 γ 为正则化系数,g_i 和 h_i 分别为损失函数 $I(\hat{y}_i^{(i-1)}, y_i^t)$ 对 $\hat{y}_i^{(i-1)}$ 的一阶导数和二阶导数,t 为迭代次数。

6. 精度验证

模型的评价指标是准确率,在本研究中,采用了决定系数(coefficient of determination,R^2)、均方根误差(Root Mean Square Error,RMSE)[82]、均方误差(Mean Square Error,MSE)、平均绝对误差(Mean Absolute Error,MAE)4个评价指标来检验枣树冠层叶绿素含量估算模型的精度和可靠性。

R^2 表示模型解释的数据方差与总数据方差之比,R^2 越接近1,表示模型拟合效果越好[83]。然而,R^2 并不能代表模型的好坏,因为在某些情况下,即使 R^2 很高,但是模型预测结果也可能并不准确,因此需要结合其他指标进行综合评估,其计算如公式(2-8)所示。

RMSE 表示预测值和实测值的误差情况,误差越大,RMSE 越大,其计算如公式(2-9)所示。

MSE 表示预测值与真实值之差的平方的平均值,MSE 越小,模型的预测误差越小,预测效果越好,其计算如公式(2-10)所示。

MAE 表示预测值和实测值的误差绝对值的平均值,MAE 越小,模型的预测能力越好。与 MSE 相比,MAE 更加注重预测误差的绝对大小,且不受异常值的影响,其计算如公式(2-11)所示。

$$R^2 = 1 - \frac{\sigma_{i=1}^{n}(y_i - x_i)^2}{\sigma_{i=1}^{n}(y_i - \overline{y})^2} \quad (2\text{-}8)$$

$$\text{RMSE} = \frac{1}{n}\sum_{i=1}^{n}(y_i - x_i)^2 \quad (2\text{-}9)$$

$$\text{MSE} = \frac{1}{n}\sum_{i=1}^{n}(y_i - x_i)^2 \quad (2\text{-}10)$$

$$\text{MAE} = \frac{1}{n}\sum_{i=1}^{n}|y_i - x_i| \quad (2\text{-}11)$$

式中，y_i 表示实测值，x_i 表示预测值，$\bar{y}$ 表示实测值的平均值，n 表示样本数量。

2.3 遥感数据预处理及枣树种植区域提取

2.3.1 遥感数据预处理

1. 超分辨率合成

本研究下载的 Sentinel-2B 影像为几何精校正后的正射影像（即 L1C 级数据），但未进行辐射定标和大气校正处理，用户需要根据自身需求生成 L2A 级数据。影像预处理具体步骤如下：首先，使用 Sen2cor 插件对 L1C 级 Sentinel-2 数据进行辐射定标和大气校正，生成 L2A 级数据；其次，为了解决 Sentinel-2 波段之间分辨率不同的问题，本研究利用 ESA（欧空局）提供的哨兵影像处理软件 SNAP、Sen2Res 插件完成影像各波段的超分辨率合成，将影像分辨率合成为 10 m 的波段，并转换为 ENVI 格式。如图 2.7 所示。

彩图 2.7

图 2.7 SNAP 超分辨率合成

2. 波段合成

在 SNAP 中将 Sentinel-2 影像数据进行超分辨合成，并以 ENVI 格式导出之后，在 ENVI5.3.1 中打开超分辨率合成的影像（超分辨率

彩图 2.8

合成之后,波段从13个波段变为 Blue、Green、Red、Nir 以及超分辨率合成后的 Aerosols、RedEdge1、RedEdge2、RedEdge3、SRNirA、Water vapor、SWIR1、SWIR2 这12个波段),波段合成后的效果如图2.8所示。

图2.8 波段合成效果图

3. 研究区裁剪

研究区裁剪是遥感数据预处理中的一项重要步骤,即从原始遥感图像中提取出感兴趣的研究区域,以便后续分析和应用。通常,研究区域需要提前确定,可以通过地图或其他辅助数据来界定。裁剪的方法一般有两种,一种是利用遥感软件中的工具手动裁剪,另一种是通过编写程序自动裁剪。无论采用何种方式,裁剪后得到的图像都将更加精确、清晰,有利于提高后续研究的准确性和可靠性。研究区裁剪过程如图2.9所示。

彩图2.9

图2.9中红框表示研究区域,按红色边框将研究区域进行裁剪,裁剪后的图像如图2.10所示。

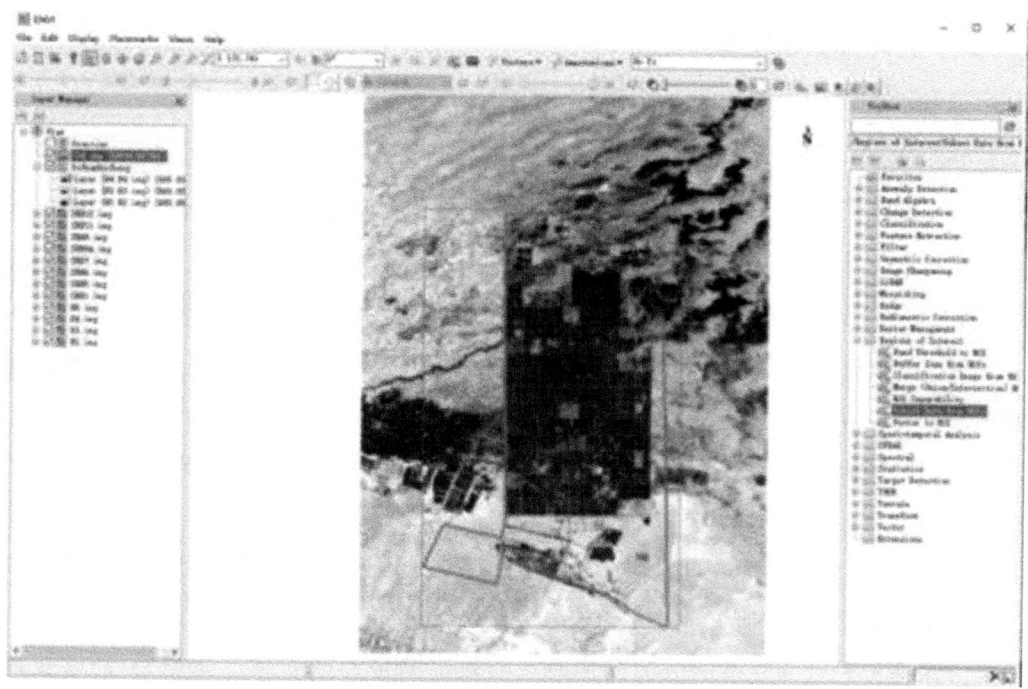

图 2.9　研究区裁剪过程

图 2.10　研究区裁剪结果

彩图 2.10

2.3.2 土地利用分类

1. 监督分类

在 ENVI5.3.1 中对研究区域的土地利用情况进行分类。ENVI 是一款常用的遥感影像处理软件,它提供了地物分类方法,包括监督分类和非监督分类。其监督分类方法包括最大似然(Maximum Likelihood,MLC)分类、支持向量机(Support Vector Machine,SVM)分类、人工神经网络(Artificial Neural Network,ANN)分类、随机森林(Random Forest,RFC)分类、物体导向(Object-Based,OBC)分类。监督分类就是通过训练对遥感图像进行分类。在监督分类中,根据每个像元的光谱特征和已知的类别信息计算出它属于各个类别的概率,最终将像元划分到概率最大的类别中。监督分类方法需要利用已知的样本数据进行地物分类,这样精度较高,但需要有先验知识和经验;非监督分类方法不需要训练样本,但分类精度相对较低,需要经过后期处理来提高精度。考虑到本研究中研究区域的实际情况,故本研究应用监督分类方法中的支持向量机分类方法,因为支持向量机分类方法在处理较为复杂的分类问题时具有较高的分类精度和泛化能力,能够获得较好的分类效果。

支持向量分类方法具有较好的泛化能力和鲁棒性,因为其可以处理小样本问题,即在训练数据集较小的情况下也能够获得较好的分类效果。

2. 遥感影像假彩色处理

在进行监督分类之前,进行遥感影像的假彩色处理可以提高分类的准确性和可视化效果。在选择波段时,选择 Nir(近红外)、Red(红外)和 Green(绿)这 3 个波段是因为它们对植被的反射率有较好的响应。经过假彩色处理后,红色区域通常表示有植被覆盖,而绿色区域则表示较为稠密的植被,这对于林业、农业等领域具有重要意义。

假彩色处理的遥感影像情况如图 2.11 所示,根据对新疆昆玉市二二四团农作物种植情况的了解,将研究区内的土地利用情况可以做如下区分:红色区域解释为枣树种植区域;深蓝色区域代表水体,可以用于水资源管理、环境保护等领域;灰色区域代表建筑用地,可以用于城市规划和土地利用管理;青色区域表示裸地地区,可以用于沙漠化防治和生态保护等方面。

通过遥感影像的假彩色处理可以将不同波段的信息以不同的颜色表现出来,使图像更加直观美观。监督分类是一种基于机器学习的遥感影像分类方法,它通过对已知类别的样本进行训练,建立一个分类器来对未知区域的遥感影像进行分类。这些技术可以帮助人类更好地了解地表覆盖的情况,如森林、草地、农田、城市等,为资源管理和环境保护等领域提供有力的支持。

图 2.11 研究区域内的假彩色影像　　彩图 2.11

3. 样本选取及分类结果

在进行地物分类时,选择合适的训练样本和验证样本是至关重要的。合适的样本选择可以保证分类的准确性。在选取样本时,为了消除人为因素等随机误差的影响,应该遵循样本均匀分布、样本数量足够、样本符合实际情况、样本需具有代表性的原则。在本研究中,研究区域内地物被划分为枣树、水体、建筑用地和裸地 4 类,并且每一类地物都设置了 200 个训练样本和 100 个验证样本。通过这样的样本选择,可以提高分类的准确性,减少误差。这种方法能够确保分类器具有更好的性能和可靠性,同时也方便后续对分类结果的精度验证和评估。

在进行样本选择后,为了更准确地分类研究区域内的土地利用情况,需要计算不同类别之间的样本分离度。通过计算不同类别之间的分离度,可以确定分类的边界,提高分类的准确性。这些分离度被称为分离参数值,样本可分离参数值见表 2.3。

表 2.3　样本可分离参数值

	组别	可分离参数		组别	可分离参数
训练样本	建筑用地与裸地	1.997 0	验证样本	建筑用地与裸地	1.997 2
	建筑用地与枣树	1.999 9		建筑用地与枣树	1.999 9
	水体与建筑用地	1.999 9		水体与建筑用地	1.999 9
	水体与裸地	1.999 9		水体与裸地	1.999 9
	裸地与枣树	1.999 9		裸地与枣树	1.999 9
	水体与枣树	2.000 0		水体与枣树	2.000 0

通过计算训练样本和验证样本中各地物类别之间的可分离参数值，可以确定样本间的可分离性。表2.3的RoI分离度报告结果表明，4个地物类别之间的可分离参数值均超过了1.9，说明它们之间的差异程度很大，分类算法对于它们的区分能力很强，分类算法的精度比较高，可以对遥感图像中的不同地物类型进行准确的识别和分类。在使用这些训练样本对Sentinel-2多光谱遥感影像进行分类提取之后，得到了研究区域土地利用SVM分类结果，如图2.12所示。从图2.12中可以看出，在研究区域内，枣树种植相对较为集中，且其分布情况与实际情况基本一致。此外，通过比对训练样本和验证样本的可分离参数值发现，验证样本的识别性能优于训练样本。这表明所选用的验证数据可以对分类算法进行较好的泛化性能验证，从而提高分类结果的精度。

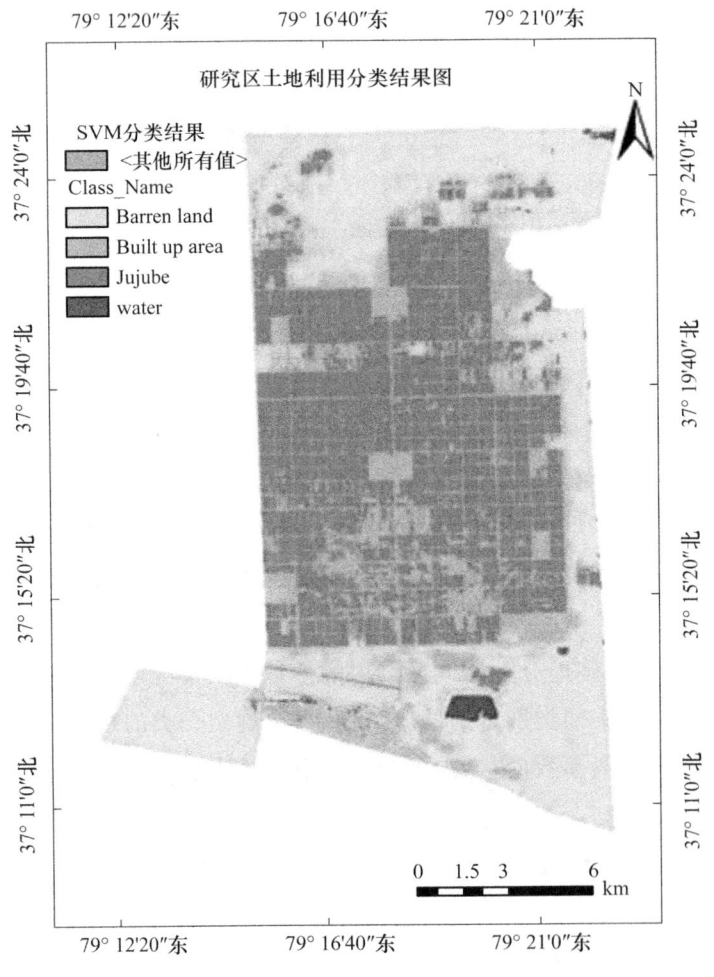

图2.12 研究区域土地利用SVM分类结果　　彩图2.12

4. 精度评价

遥感图像的分类准确度主要取决于像素分类代码属性的准确性以及对象之间的空间分布精度，这是计算不同对象面积和创建准确空间图的先决条件[84]。遥感影像分类的精度评价是对分类结果进行评估和比较的过程，旨在确定分类算法的准确性、可靠性以及优缺点，为遥感应用提供支持。精度评价主要包括以下两个方面。

（1）混淆矩阵

混淆矩阵是衡量分类结果的重要工具。它是一个 $n \times n$ 的矩阵，其中 n 是分类类别数。混淆矩阵用于展示分类方法的分类结果，反映了每个类别的分类情况。混淆矩阵对角线上的元素表示分类正确的像元数，非对角线上的元素表示被误分类的像元数[85]。

（2）总体精度和 Kappa 系数

总体精度定义为正确分类的像元数与总像元数的比例，它是分类结果的一个重要指标。Kappa 系数是对总体精度的一种修正，它考虑了随机错误分类的影响，所以可以提高精度评价的可信度。Kappa 系数通常位于[0,1]之间，系数越接近于 1 表示分类效果越好。

本研究中，使用总体分类精度和 Kappa 系数两个指标来评价分类结果的准确性。SVM 分类方法的分类精度如图 2.13 所示，其总体分类精度为 98.89%，Kappa 系数为 0.97。这意味着 SVM 分类方法可以准确地将遥感影像中的每个像元正确地分配给其对应的地物类别，对于研究区域的枣树种植区域的提取非常准确。故得到的枣树种植区域可以用于后续提取植被指数和反演枣树冠层的叶绿素含量，进一步深入分析枣树的生长情况和健康状态。

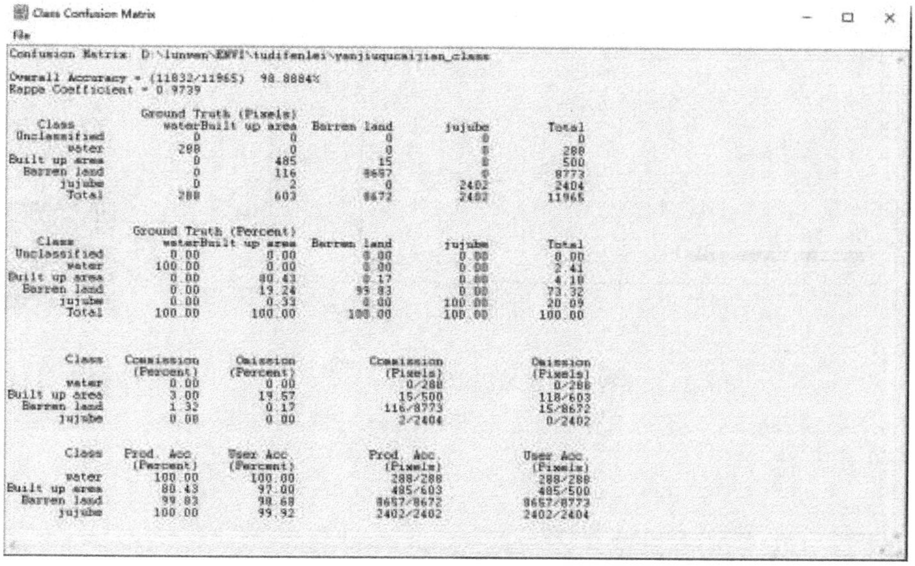

Class Confusion Matrix

File

Confusion Matrix: D:\lunwen\ENVI\tudifenlei\yanjiuqucaijian_class

Overall Accuracy = (11832/11965) 98.8884%
Kappa Coefficient = 0.9739

Ground Truth (Pixels)

Class	water	Built up area	Barren land	jujube	Total
Unclassified	0	0	0	0	0
water	288	0	0	0	288
Built up area	0	485	15	0	500
Barren land	0	116	8657	0	8773
jujube	0	2	0	2402	2404
Total	288	603	8672	2402	11965

Ground Truth (Percent)

Class	water	Built up area	Barren land	jujube	Total
Unclassified	0.00	0.00	0.00	0.00	0.00
water	100.00	0.00	0.00	0.00	2.41
Built up area	0.00	80.43	0.17	0.00	4.18
Barren land	0.00	19.24	99.83	0.00	73.32
jujube	0.00	0.33	0.00	100.00	20.09
Total	100.00	100.00	100.00	100.00	100.00

Class	Commission (Percent)	Omission (Percent)	Commission (Pixels)	Omission (Pixels)
water	0.00	0.00	0/288	0/288
Built up area	3.00	19.57	15/500	118/603
Barren land	1.32	0.17	116/8773	15/8672
jujube	0.08	0.00	2/2404	0/2402

Class	Prod. Acc. (Percent)	User Acc. (Percent)	Prod. Acc. (Pixels)	User Acc. (Pixels)
water	100.00	100.00	288/288	288/288
Built up area	80.43	97.00	485/603	485/500
Barren land	99.83	98.68	8657/8672	8657/8773
jujube	100.00	99.92	2402/2402	2402/2404

图 2.13　SVM 分类方法的分类精度

2.3.3 土地利用数据处理

在软件 Arcgis10.2 中,根据土地类型,将研究区域的土地利用图划分为枣树种植区域和非枣树种植区域,并将非枣树种植区域剔除,只保留枣树种植区域。枣树种植区域提取结果如图 2.14,其作为后续反演该研究区域不同生育期枣树冠层叶绿素含量的依据。

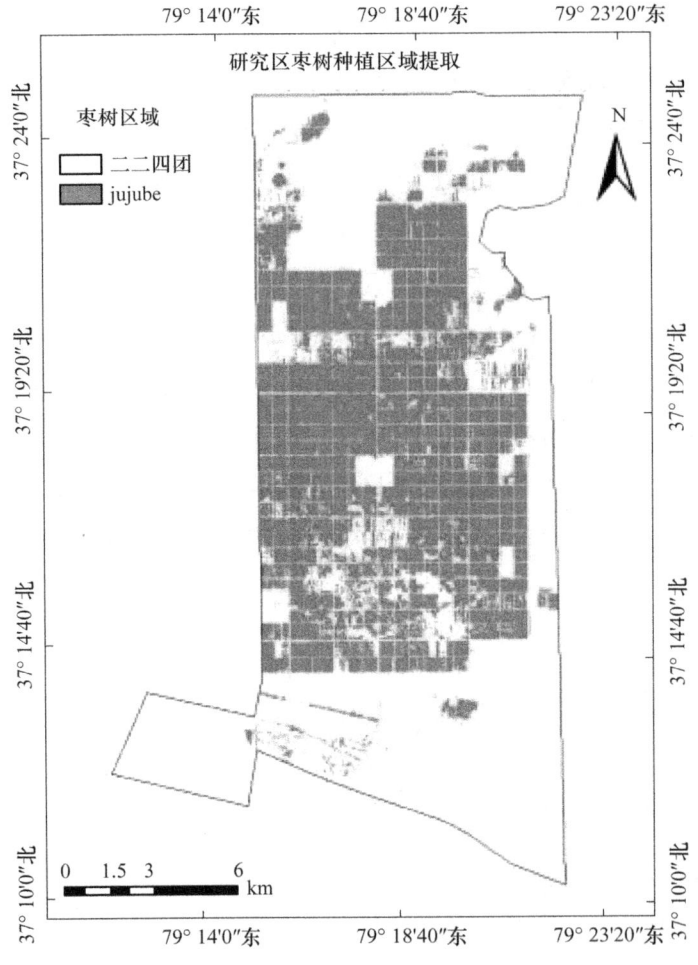

图 2.14 枣树种植区域提取结果　　　　彩图 2.14

2.4 遥感因子提取及相关性分析

2.4.1 遥感因子选取

在对研究区枣树冠层叶绿素含量进行分析处理时,需要从遥感影像中提取相关的特征参数。影像特征能够反映地物在遥感影像中的表现形式,具有很高的应用价值。影像特征提取的目的是从遥感影像中提取出具有代表性的信息,为后续的遥感影像分类、物种识别、植被指数计算等应用提供基础数据。

影像光谱特征是指可以反映遥感影像不同波段反射率的参数。通过对遥感影像各波段反射率的计算和分析,可以提取出一系列光谱特征,如反射率、NDVI(归一化植被指数)、NDWI(归一化水体指数)等,这些光谱特征能够反映出不同地物的光谱响应特征,用于遥感影像分类和地物识别等方面。

影像空间(几何)特征是指可以反映遥感影像空间分布特征的参数,如高程、坡度、坡向、纹理等。这些特征可以用于遥感影像的地形分析、地形辅助分类等方面。其中,高程是指地表相对于一个固定基准面的高度,坡度是指地表在某一点处的斜率,坡向是指地表在某一点处的坡面朝向,纹理是指遥感影像中地物的纹理细节信息,可以反映出地物的形态和纹理等特征。

影像纹理特征是指可以反映遥感影像纹理特征的参数,如灰度共生矩阵、小波变换等。这些特征可以用于描述遥感影像中的纹理特征(如纹理粗糙度、方向性等),辅助遥感影像分类和地物识别。

为了建立研究区枣树冠层叶绿素含量的反演模型,本次研究从 Sentinel-2 影像数据中提取了影像的光谱特征作为构建枣树冠层叶绿素含量反演模型的遥感因子。根据 Sentinel-2 多光谱遥感影像数据的特点,提取出影像的 11 个多光谱波段(Blue、Green、Red、Nir、Aerosols、Red Edge 1、Red Edge 2、Red Edge 3、Water Vapor、SWIR 1、SWIR 2)和 7 个植被指数(NDVI、EVI、DVI、GVI、RVI、SAVI、OSAVI)以及一个组合波段 Red/Blue,共 19 个光谱特征。

植被指数(Vegetation Index,VI)是通过遥感数据计算出来的数值,用来衡量植被覆盖程度和生长状态的指标。其原理是通过比较植被在不同波段的反射率(通常是基于可见光波段和近红外波段的反射率),来计算出植被的生长状况和覆盖程度。植被吸收可见光波段的辐射能力很强,反射率较低,而在近红外波段的反射率较高。具体而言,计算出来的植被指数越高,说明植被覆盖度越高,生长状况越好。选取的植被指数有以下7种。

① 归一化植被指数(Normalized Difference Vegetation Index,NDVI)基于红外线和可见光波段反射率的差异,来衡量植被覆盖和生长的状况。NDVI的大小为$-1\sim1$,且数值越高,表示植被生长状况越好。根据表2.4中的NDVI分类范围,可以分为不同的植被类型,从而更好地进行植被遥感分析,且数值越高表示植被越茂盛。

表2.4 NDVI 分类范围

类型	NDVI 范围(NDVI Range)
水体(Water)	$-0.28\sim0.015$
建筑用地(Built up area)	$0.016\sim0.14$
裸地(Barren land)	$0.15\sim0.18$
灌木(Shrub and Grassland)	$0.19\sim0.27$
稀疏植被(Sparse Vegetation)	$0.28\sim0.36$
茂密植被(Dense Vegetation)	$0.37\sim0.74$

② 增强型植被指数(Enhanced Vegetation Index,EVI)是在NDVI的基础上,加入了蓝光波段的信息,以减小大气扰动和土壤表面反射对指数的影响,从而提高植被指数的精度。EVI适用于高分辨率、多光谱遥感数据,可以用于评估植被覆盖、生长状况和叶面积指数(LAI)等方面。

③ 差值植被指数(Difference Vegetation Index,DVI)是通过红光波段和近红外波段反射率的差值计算得出的。DVI的大小为$-1\sim1$,且数值越高,表示植被生长状况越好。

④ 绿度植被指数(Green Vegetation Index,GVI)是一种衡量植被生长状况的指数。它基于遥感数据和植被光谱特征计算得出,通常用于分析和监测农业、林业和环境生态方面的变化。

⑤ 比值植被指数(Ratio Vegetation Index,RVI)是一种用于衡量植被覆盖度的指数,取值范围是$0\sim+\infty$。RVI可以用来估计植被的LAI,并且对土壤背景反射的干扰不敏感。

⑥ 土壤调节植被指数(Soil-Adjusted Vegetation Index,SAVI)是一种用于测量植被

生长状况的遥感指数,旨在减轻普通植被指数(如 NDVI)在低覆盖度和高土壤反射率情况下的缺陷。由于 NDVI 只考虑了植被反射率的比值,因此在土地覆盖度较低、土壤裸露或光照条件不均等情况下,会受到干扰而失效。SAVI 通过引入土壤因素对植被指数进行调整,从而克服了这些缺陷。

⑦ 优化型土壤调节植被指数(Optimized Soil-Adjusted Vegetation Index,OSAVI)是 SAVI 的改进版本,旨在提高植被指数的灵敏度和稳定性。与 SAVI 不同,OSAVI 不需要预先设置土壤调节因子 L 的值,而是通过在植被和土壤之间建立更精确的关系来优化计算公式。

各植被指数的计算公式和来源如表 2.5 所示。

表 2.5 植被指数的计算公式和来源

植被指数	计算公式	来源
归一化植被指数(NDVI)	(Nir－Red)/(Nir＋Red)	Rouse J 等[86]
增强型植被指数(EVI)	2.5(Nir－Red)/(Nir＋6.0Red－7.5Blue)	Huete 等[87]
差值植被指数(DVI)	Nir－Red	Tucker 等[88]
绿度植被指数(GVI)	Nir/Green	Gitelson 等[89]
比值植被指数(RVI)	Vir/Rede	Jordan 等[90]
土壤调节植被指数(SAVI)	2.5(Nir－Red))/(Nir＋Red＋0.5)	Huete 等[91]
优化型土壤调节植被指数(OSAVI)	(Nir－Red)/(Nir＋Red＋0.16)	Rondeaux 等[92]

注:Nir 为近红外波段,Red 为红光波段,Blue 为蓝光波段,Green 为绿光波段。

2.4.2 样地遥感因子的提取

在软件 ENVI 中,可以通过遥感影像分析模块进行计算和处理,该模块提供了各种算法和工具,如波段计算器、像元集计器等,可以满足各种遥感图像处理需求。本研究通过 ENVI5.3.1 进行图像处理,得到各遥感因子影像图。通常情况下,遥感因子包括植被指数、光谱信息、极化信息等,这些遥感因子的计算公式基于遥感技术和地学模型,用于定量分析和监测地表环境变化。在软件中提取的枣树各生育期遥感因子结果如图 2.15 所示。然后在软件 Arcgis10.2 中用样本点的经纬度位置信息和研究区矢量文件,从 Sentinel-2 影像数据中提取各样本点处的遥感因子。

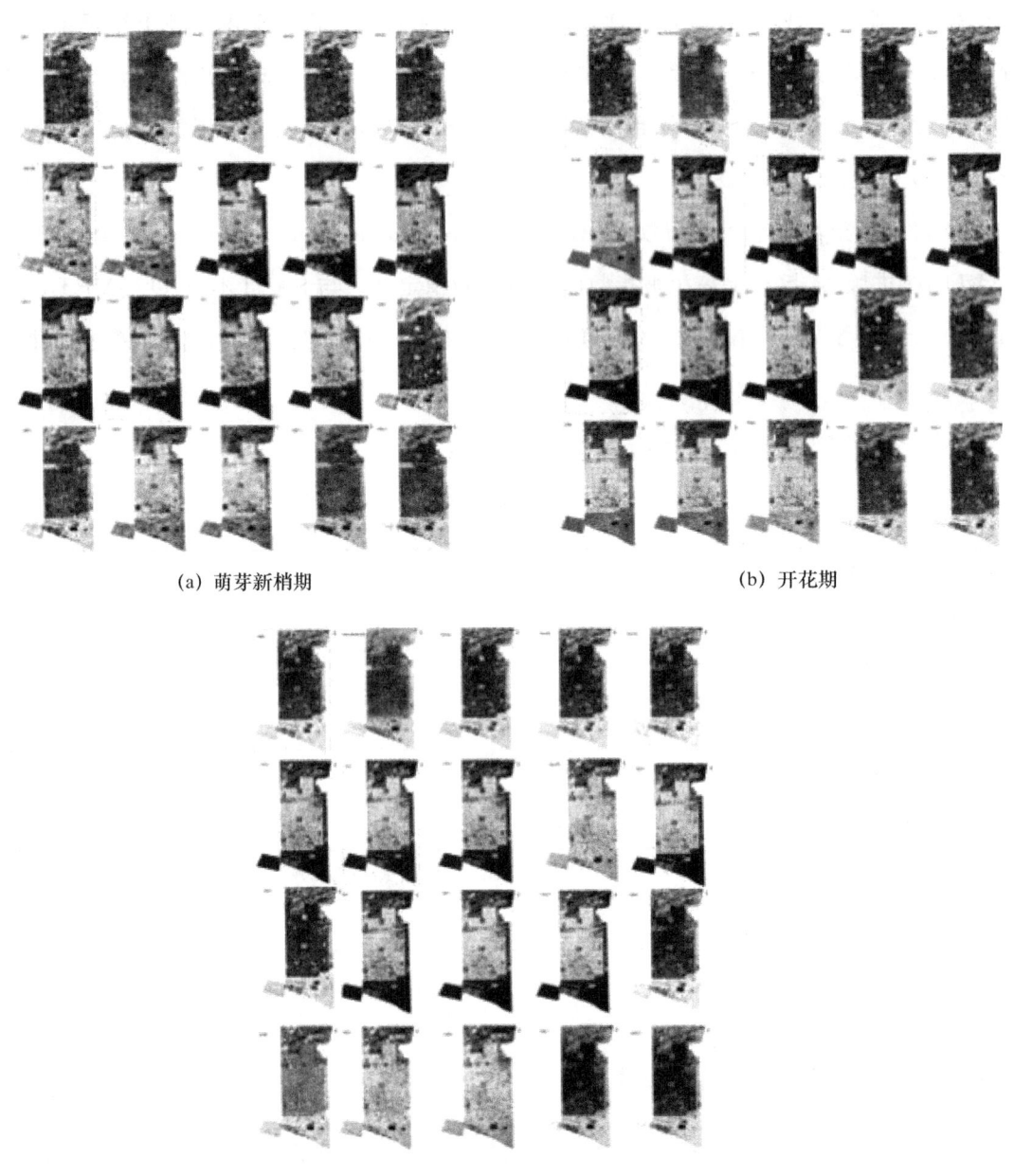

(a) 萌芽新梢期　　　　　　　　　　(b) 开花期

(c) 成熟期

图 2.15　基于 Sentinel-2 数据遥感因子提取结果

2.4.3　枣树冠层叶绿素含量变化

采用五点采样法采集不同生育期枣树在 10 m×10 m 范围内的平均冠层叶绿素含量建模数据,并进行统计,得到不同生育期枣树冠层叶绿素含量数据,如表 2.6 所示。从表 2.6 中可以得出以下信息。

① 萌芽新梢期采集的枣树冠层叶绿素含量在 9.603~35.404 $\mu g/cm^2$ 之间，平均值为 24.578 $\mu g/cm^2$，变化范围为 25.801 个单位，总和为 4 399.469 $\mu g/cm^2$。

② 开花期采集的枣树冠层叶绿素含量在 12.528~47.595 $\mu g/cm^2$ 之间，平均值为 34.669 $\mu g/cm^2$，变化范围为 35.066 个单位，总和为 6 205.829 $\mu g/cm^2$。开花期枣树冠层叶绿素含量的最大值比萌芽新梢期枣树冠层叶绿素含量的最大值提高了 12.191 $\mu g/cm^2$，最小值从萌芽新梢期的 9.603 $\mu g/cm^2$ 提高到了 12.528 $\mu g/cm^2$。在总和方面，枣树冠层叶绿素含量从萌芽新梢期的 4 399.469 $\mu g/cm^2$ 提高到开花期的 6 205.829 $\mu g/cm^2$，提高了 1 806.36 $\mu g/cm^2$，说明从萌芽新梢期到开花期的过程中，枣树冠层叶绿素含量明显提高。另外，从整体来看，枣树进入开花期后的冠层叶绿素含量相比于萌芽新梢期的冠层叶绿素含量有所提高，研究区内的生长状态和营养状态都有明显的提升。

③ 成熟期采集的枣树冠层叶绿素含量在 22.154~66.793 $\mu g/cm^2$ 之间，平均值为 52.751 $\mu g/cm^2$，变化范围为 44.639 $\mu g/cm^2$，总和为 9 442.299 $\mu g/cm^2$。成熟期的枣树冠层叶绿素含量相较于开花期有明显的提高。其中，最大值增加了 19.198 $\mu g/cm^2$，最小值提高了 9.626 $\mu g/cm^2$，平均值提高了 18.082 $\mu g/cm^2$。这些数据表明，在枣树的生长发育过程中，冠层叶绿素含量随着时间的推移而逐渐增加，成熟期的枣树冠层叶绿素含量达到了高峰。总之，成熟期的枣树冠层叶绿素含量相比于开花期的枣树冠层叶绿素含量有所提升。这表明，成熟期的枣树植株生长发育需要大量的叶绿素来进行光合作用，以此来积累果实的果糖、葡萄糖和淀粉等物质。

表 2.6 不同生育期枣树冠层叶绿素含量数据统计

生育期	样本数	最小值 /($\mu g \cdot cm^{-2}$)	最大值 /($\mu g \cdot cm^{-2}$)	平均值 /($\mu g \cdot cm^{-2}$)	范围 （最大值—最小值）	总和 /($\mu g \cdot cm^{-2}$)
萌芽新梢期	179	9.603	35.404	24.578	25.801	4 399.469
开花期	179	12.528	47.595	34.669	35.066	6 205.829
成熟期	179	22.154	66.793	52.751	44.639	9 442.299

2.4.4 遥感因子和枣树冠层叶绿素含量的相关性分析

相关分析是研究变量之间的相互关系以及相关程度的分析方法。其有 3 种计算方式，分别为 Pearson 相关系数、Spearman 相关系数、Kendall'stau-b 相关系数。通过研究各遥感因子与枣树冠层叶绿素含量之间的相关性，利用遥感因子来精确反演枣树冠层叶绿素含量，是本研究的重点，本研究也为实现大面积、快速获取新疆和田地区枣树冠层叶绿素含量提供科学指导。为分析多光谱影像提取地面采样点处的遥感特征因子和植被指数因子与萌芽新梢期、开花期和成熟期枣树冠层叶绿素含量之间的关系,本研究利用 Pearson 相关系数分析所选遥感因子与冠层叶绿素含量之间的关系,并利用 SPSS 25 进行相关性分析,结果如表 2.7 所示。

表 2.7 不同生育期遥感因子和枣树冠层叶绿素含量 Pearson 相关系数表

遥感因子	萌芽新梢期		开花期		成熟期	
	相关系数	Sig.	相关系数	Sig.	相关系数	Sig.
X_1	−0.361**	0	−0.584**	0	−0.257**	0.001
X_2	−0.291**	0	0.554**	0	−0.275**	0
X_3	−0.418**	0	−0.604**	0	−0.303**	0
X_4	0.820**	0	0.834**	0	0.909**	0
X_5	−0.368**	0	−0.526**	0	−0.245**	0.001
X_6	−0.256**	0.001	−0.531**	0	−0.266**	0
X_7	0.782**	0	0.773**	0	0.655**	0
X_8	−0.256**	0.001	0.824**	0	0.878**	0
X_9	0.795**	0	0.801**	0	0.804**	0
X_{10}	−0.12	0.11	−0.403**	0	−0.167**	0.026
X_{11}	−0.295**	0	0.517**	0	−0.241**	0.001
X_{12}	−0.259**	0	−0.470**	0	−0.280**	0
X_{13}	0.633**	0	0.731**	0	0.564**	0
X_{14}	0.655**	0	0.736**	0	0.600**	0
X_{15}	0.676**	0	0.757**	0	0.634**	0
X_{16}	0.607**	0	0.733**	0	0.590**	0
X_{17}	0.629**	0	0.727**	0	0.574**	0
X_{18}	0.649**	0	0.738**	0	0.601**	0
X_{19}	0.640**	0	0.731**	0	0.576**	0

注:$N=179$;** 表示在 0.01 水平上显著相关,* 表示在 0.05 水平上显著相关;X_1 为 Blue,X_2 为 Green,X_3 为 Red,X_4 为 Nir,X_5 为 Aerosols,X_6 为 Red Edge 1,X_7 为 Red Edge 2,X_8 为 Red Edge 3,X_9 为 Water Vapor,X_{10} 为 SWR 1,X_{11} 为 SWR 2,X_{12} 为 Red/Blue,X_{13} 为 NDVI,X_{14} 为 EVI,X_{15} 为 DVI,X_{16} 为 GVI,X_{17} 为 RVI,X_{18} 为 SAVI,X_{19} 为 OSAVI。

结果表明,对于不同生育期的遥感因子相关性分布来说,除了萌芽新梢期的 SWIR 1 波段因子外,其他因子均与各时期的枣树冠层叶绿素含量达到显著或极显著相关性。其中,Blue、Green、Red、Aerosols、Red Edge 1、Red Edge 3、SWIR 1、SWIR 2 呈负相关,其余均为正相关且均通过 0.01 显著性检验,Nir、Red Edge 2、Red Edge 3、Water Vapor 这 4 个波段因子的相关系数大都高于 0.7($r<0.01$),说明 Sentinel-2 影像数据红光波段、近红

外波段及水蒸气波段在各个生育期的枣树冠层叶绿素含量的监测中具有很好的有效性。同时,单波段反射率中相关性最高的波段是以波长为 835.1 nm 为中心,波段宽度为 148 nm 的 Nir 波段,该波段因子与同时期枣树冠层叶绿素含量的相关系数在萌芽新梢期、开花期和成熟期分别为 0.820、0.834、0.909。在枣树的 3 个关键生育期所选植被指数因子 NDVI、EVI、DVI、GVI、RVI、SAVI、OSAVI 大都与枣树冠层叶绿素含量呈极显著相关。对于萌芽新梢期的植被指数因子和该生育期枣树冠层叶绿素含量的相关性分布来说,NDVI、EVI、DVI、GVI、RVI、SAVI、OSAVI 这 7 个植被指数因子与叶绿素含量的相关系数均高于 0.6($r<0.01$),相关系数最大的植被指数因子为 DVI,相关系数为 0.676($r<0.01$),相关系数最小的植被指数因子为 GVI,相关系数为 0.607($r<0.01$)。对于开花期的植被指数因子和该生育期枣树冠层叶绿素含量的相关性分布来说,所选植被指数因子与叶绿素含量的相关系数均高于 0.7($r<0.01$),相关系数最大的植被指数因子为 DVI,相关系数为 0.767($r<0.01$),相关系数最小的植被指数因子为 RVI,相关系数为 0.727。对于成熟期的植被指数因子和该生育期枣树冠层叶绿素含量的相关性分布来说,所选植被指数因子与叶绿素含量呈极显著相关,其相关系数均高于 0.5($r<0.01$),在呈极显著的 7 个植被指数因子中,相关系数最大的植被指数因子为 DVI,相关系数为 0.634($r<0.01$),相关系数最小的植被指数因子为 NDVI,相关系数为 0.564($r<0.01$)。

从整体来看,开花期各遥感因子与枣树冠层叶绿素的相关性优于萌芽新梢期和成熟期,且开花期各遥感因子均与该生育期的枣树冠层叶绿素含量的相关性呈极显著相关,且通过 0.01 显著性检验。为了更符合实际情况,在萌芽新梢期选取各生育期相关系数大于 0.6 的遥感因子来进行建模,即选取 Nir、Red Edge 2、Water Vapor、NDVI、EVI、DVI、GVI、RVI、SAVI、OSAVI 这 10 个遥感因子,在开花期选取 Red、Nir、Red Edge 2、Red Edge 3、Water Vapor、NDVI、EVI、DVI、GVI、RVI、SAVI、OSAVI,在成熟期选取 Nir、Red Edge 2、Red Edge 3、Water Vapor、EVI、DVI、SAVI 这些遥感因子来建立研究区枣树冠层叶绿素含量的反演估算模型是基本可行的。

2.5 不同生育期枣树冠层叶绿素含量反演研究

本节基于 Sentinel-2 多光谱卫星影像数据,以新疆昆玉市二二四团部分地区为研究区域,利用前文中通过相关性分析筛选出的极显著的遥感因子,结合地面同步观测的枣树冠层叶绿素含量数据,分别建立多元逐步回归(MSR)模型、BP 神经网络模型、决策树(DT)模型、随机森林(RF)模型、XGBoost(XGB)模型并分析各反演模型精度与预测能力,以丰富区域尺度下遥感反演枣树冠层叶绿素含量方法。

2.5.1　多元逐步回归模型的建立及其预测能力分析

为了探究枣树冠层叶绿素含量在不同生育期的变化规律,建立多元逐步回归反演模型对测试集数据进行预测,并通过对实测数据的预测值和实测值进行拟合分析,来评估模型的预测能力和准确性。各生育期多元逐步回归建模精度分布如表2.8所示,各生育期多元逐步回归的建模方程如表2.9所示。

表2.8　多元逐步回归建模精度分布

生育期	训练集评价指标				测试集评价指标			
	R^2	RMSE	MSE	MAE	R^2	RMSE	MSE	MAE
萌芽新梢期	0.652	3.096	9.585	2.491	0.697	3.034	9.204	2.39
开花期	0.674	3.995	15.957	3.265	0.758	3.911	15.296	3.267
成熟期	0.812	3.242	10.511	2.586	0.862	3.357	11.267	2.802

表2.9　多元逐步回归的建模方程

生育期	建模方程
萌芽新梢期	$y=-98.196+62.446X_4+62.013X_7+31.3X_9-5.51X_{14}+639.488X_{15}-5.593X_{16}+45.955X_{17}-678.579X_{18}$
开花期	$y=-49.842-566.392X_3+596.328X_4+120.573X_7-115.079X_8+54.766X_9+41.641X_{14}+16.219X_{16}+12X_{17}-583.223X_{18}$
成熟期	$y=-239.787+730.085X_4-178.908X_7+45.96X_8+43.667X_9+75.447X_{14}-479.632X_{15}+215.193X_{18}$

注:X_1为Blue,X_2为Green,X_3为Red,X_4为Nir,X_5为Aerosols,X_6为Red Edge 1,X_7为Red Edge 2,X_8为Red Edge 3,X_9为Water Vapor,X_{10}为SWR 1,X_{11}为SWR 2,X_{12}为Red Blue,X_{13}为NDVI,X_{14}为EVI,X_{15}为DVI,X_{16}为GVI,X_{17}为RVI,X_{18}为SAVI,X_{19}为OSAVI。

从表2.8可以看出,3个时期的训练集的R^2分别为0.652、0.674和0.812,说明随着生长周期的不同,模型的拟合程度有所提高。从RMSE、MSE和MAE这3个评价指标的数值来看,萌芽新梢期时的模型表现最好,其次是成熟期,开花期的表现最差。这表明,生长周期的不同可能会对模型的精度产生影响。因此,综合考虑R^2、RMSE、MSE和MAE这些指标的话,萌芽新梢期时的模型表现最好,成熟期次之,开花期的表现最差。此外,如图2.16所示,这3个生育期的R^2均在0.6以上,表明模型对数据的拟合程度相对较好,预测能力较强,同时也意味着模型预测的叶绿素含量与实测值之间具有良好的

彩图2.16

一致性。

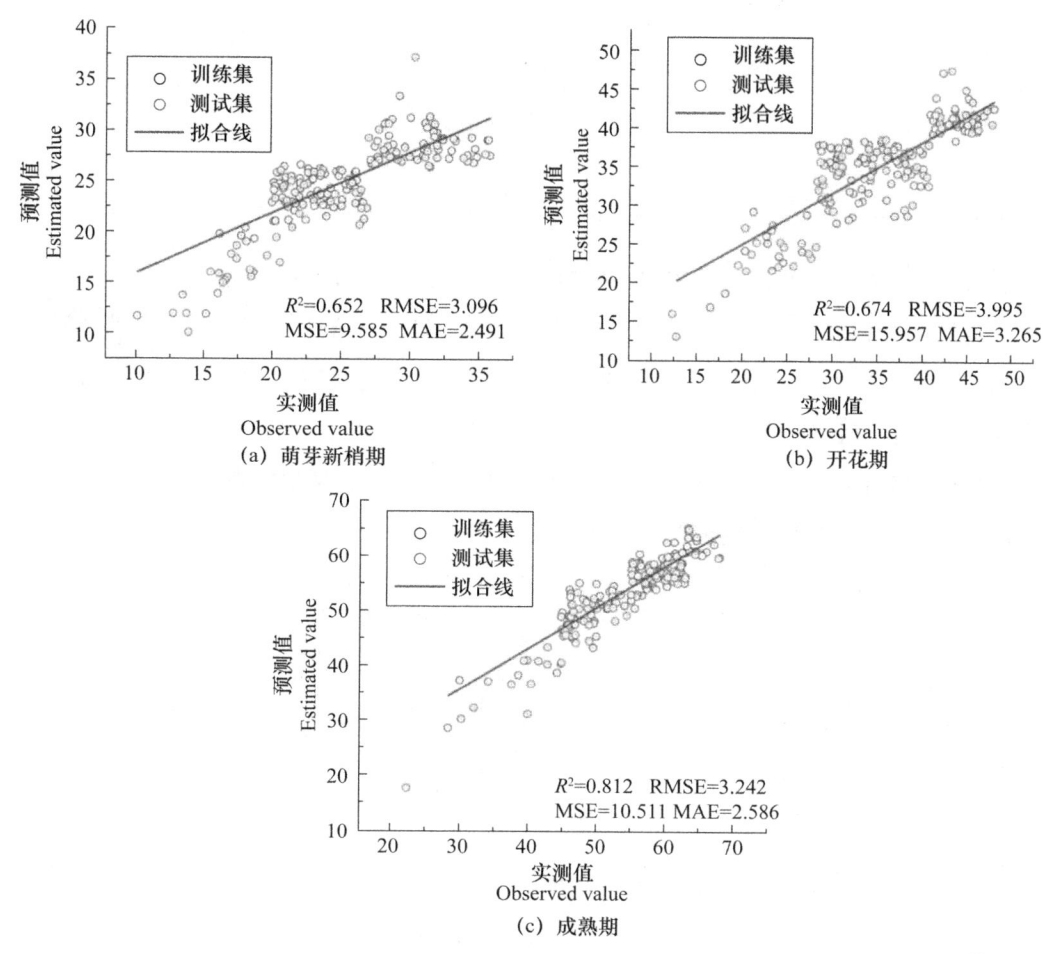

图 2.16　多元逐步回归模型各生育期叶绿素含量拟合关系

2.5.2　BP 神经网络模型的建立及其预测能力分析

为了评估遥感因子对模型精度的影响效果，从 2.4.1 节中筛选出枣树在各生育期相关系数绝对值大于 0.6 的遥感因子，并在 Matlab 2019a 中利用神经网络工具箱对数据进行了 BP 神经网络模型的建立。此次建模以 Sentinel-2 遥感影像得出的遥感因子为神经网络的输入变量，同时期测得的枣树冠层叶绿素含量作为神经网络的输出变量，并反复调整各层权值，构建最优 BP 神经网络模型。BP 神经网络的隐含层数量和神经元数量分别设置为 1 层和 8 个，隐含层的传递函数选用 Logsig 函数，训练函数则采用 Trainlm 函数。将总样本数据按 70%、15%、15% 的比例随机分为训练集、测试集和验证样本数据。各生育期 BP 神经网络建模精度分布如表 2.10 所示。

表 2.10　BP 神经网络建模精度分布

生育期	训练集评价指标				测试集评价指标			
	R^2	RMSE	MSE	MAE	R^2	RMSE	MSE	MAE
萌芽新梢期	0.835	2.129	4.532	1.775	0.852	2.122	4.504	1.710
开花期	0.796	3.161	9.993	2.450	0.788	3.661	13.400	3.036
成熟期	0.849	2.911	8.476	2.379	0.857	3.410	11.629	2.565 4

从如图 2.17 所示的评价指标来看，BP 神经网络模型的精度要优于多元逐步回归模型。其中，对于训练集和测试集，萌芽新梢期和成熟期的 R^2 均在 0.8 以上，RMSE 和 MSE 均较小，MAE 也相对较小。而在开花期，BP 神经网络模型的精度相对较低，虽然 R^2 也在 0.7 以上，但是 RMSE、MSE 和 MAE 均较大。总体来说，BP 神经网络模型在萌芽新梢期和成熟期的精度较高，但在开花期的精度相对较低。

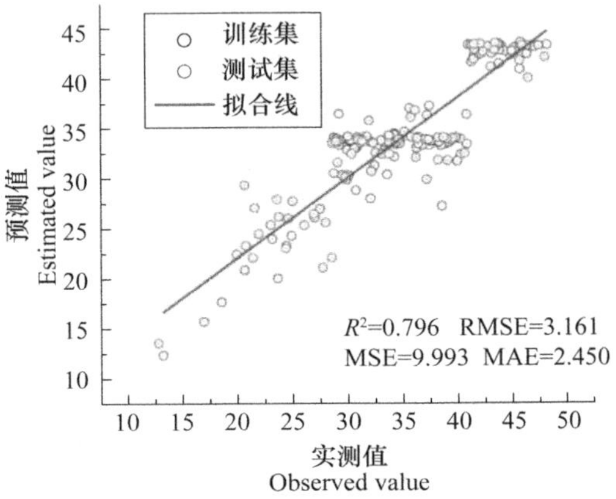

彩图 2.17

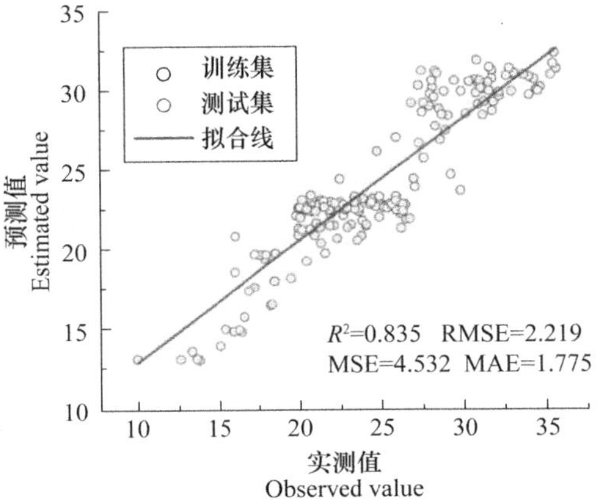

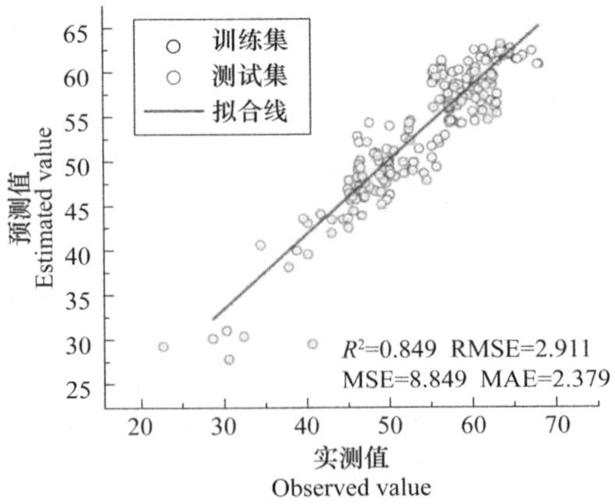

图 2.17　BP 神经网络模型各生育期叶绿素含量拟合关系

2.5.3 决策树模型的建立及其预测能力分析

为了评估遥感因子对模型精度的影响效果,从 2.4.1 节中筛选出枣树在各生育期相关系数绝对值大于 0.6 的遥感因子,并进行了决策树模型实验。该实验是在软件 Python3.7 中进行建模的,建模时调用了 Python 中的 Scikit-learn 机器学习库中的 Decision Tree Regressor 模块。构建模型时,对参数 max_depth(树的最大深度)进行了调整,以提高模型的性能和泛化能力。本研究中 max_depth 取值为 4 时模型的拟合效果最佳。

各生育期决策树建模精度分布如表 2.11 所示。

表 2.11　决策树建模精度分布

生育期	训练集评价指标				测试集评价指标			
	R^2	RMSE	MSE	MAE	R^2	RMSE	MSE	MAE
萌芽新梢期	0.934	0.845	0.715	0.645	0.854	1.469	2.157	1.045
开花期	0.890	2.426	5.887	1.887	0.673	4.435	19.673	3.580
成熟期	0.931	2.093	4.381	1.632	0.865	3.138	9.845	2.539

从表 2.11 和图 2.18 来看,决策树模型在萌芽新梢期表现最好,训练集和测试集的 R^2、RMSE、MSE 和 MAE 指标均较优,说明模型在这个时期的数据拟合效果较好。成熟期表现次优,训练集的 R^2、RMSE、MSE 和 MAE 指标最佳,但测试集的指标稍逊于萌芽新梢期,说明模型在成熟期时的数据拟合效果相对较差。开花期表现最差,训练集和测试集的 R^2、RMSE、MSE 和 MAE 指标均最差,说明模型在这个时期的数据拟合效果较差。

总体来说,决策树模型在这 3 个时期的表现不够理想。

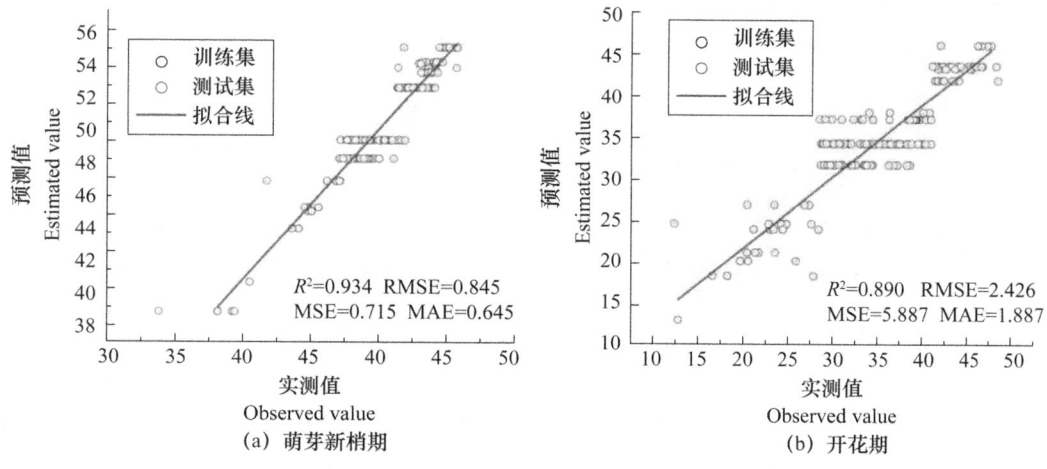

(a) 萌芽新梢期　　　(b) 开花期

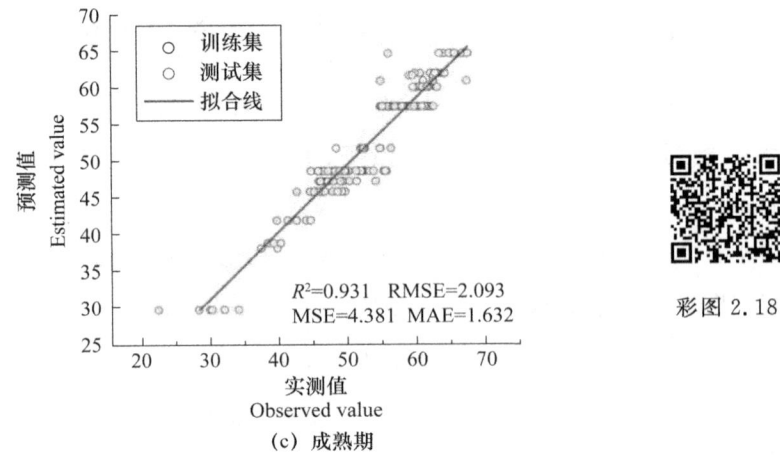

(c) 成熟期

图 2.18　决策树模型各生育期叶绿素含量拟合关系

2.5.4　随机森林模型的建立及其预测能力分析

为了评估遥感因子对模型精度的影响效果，从 2.4.1 节中筛选出枣树在各生育期相关系数绝对值大于 0.6 的遥感因子进行随机森林模型的实验。该实验是通过软件 Python3.7 中的 Scikit-learn 机器学习库中的 Random Forest Regressor 模块进行建模。构建模型时，对参数 n_estimators 进行了调整，以提高模型的性能和泛化能力。

n_estimators 用于指定随机森林中决策树的数量。n_estimators 越大，随机森林模型将会包含越多的决策树，模型的准确性和稳定性可能会有所提高。但是，如果 n_estimators 过大，会增加计算时间和内存，也会增加过拟合的风险。故可以通过调整该参数和其他参数来优化模型。

各生育期随机森林模型建模精度分布如表 2.12 所示。

表 2.12　随机森林模型建模精度分布

生育期	训练集评价指标				测试集评价指标			
	R^2	RMSE	MSE	MAE	R^2	RMSE	MSE	MAE
萌芽新梢期	0.972	0.910	0.829	0.741	0.828	2.275	5.177	1.846
开花期	0.969	1.287	1.655	1.038	0.752	3.858	14.883	3.307
成熟期	0.982	1.076	1.157	0.888	0.866	3.120	9.736	2.384

从表 2.12 和图 2.19 中可以看出，对于训练集，在萌芽新梢期、开花期和成熟期的精度均表现出色，R^2 分别为 0.972、0.969 和 0.982，RMSE 分别为 0.910、1.287 和 1.076，MSE 分别为 0.829、1.655 和 1.157，MAE 分别为 0.741、1.038 和 0.888。对于测试集，

萌芽新梢期和开花期的 R^2 相对较低，分别为 0.828 和 0.752，而成熟期的 R^2 较高，为 0.866。此外，在测试集中，萌芽新梢期、开花期和成熟期的 RMSE 分别为 2.275、3.858 和 3.120，MSE 分别为 5.177、14.883 和 9.736，MAE 分别为 1.846、3.307 和 2.384。综合来看，随机森林模型在训练集中表现出色，在测试集中也取得了不错的结果，但对开花期的预测稍有欠缺。

彩图 2.19

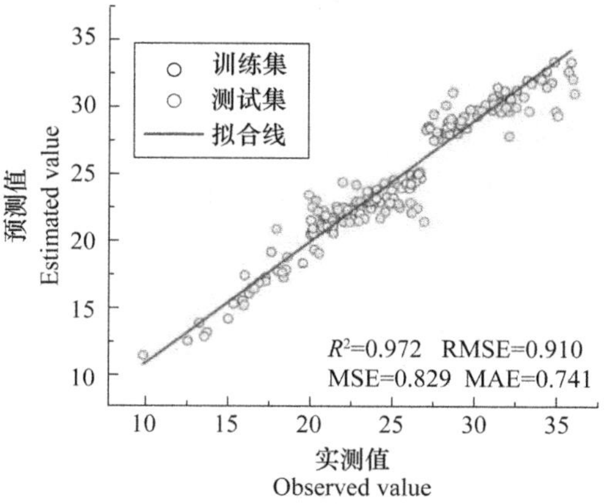

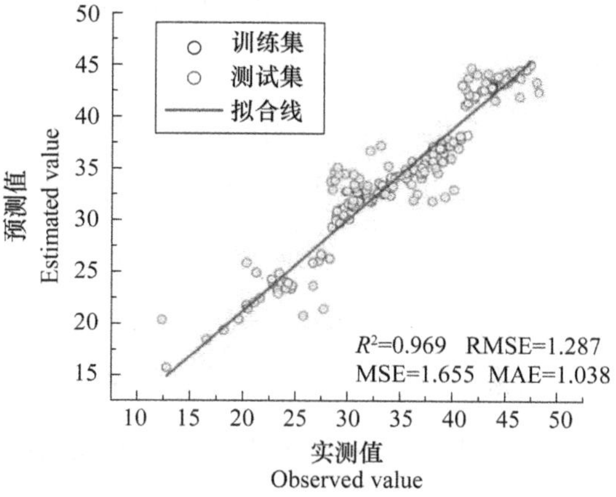

图 2.19 随机森林模型各生育期叶绿素含量拟合关系

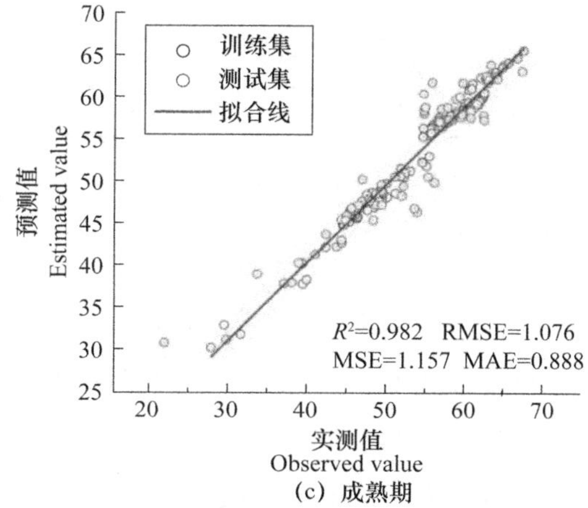

2.5.5 XGBoost 模型的建立及其预测能力分析

为了评估遥感因子对模型精度的影响效果，从 2.4.1 节中筛选出枣树在各生育期相关系数绝对值大于 0.6 的遥感因子进行 XGBoost 模型实验。该实验是在软件 Python3.7 中建模的，建模时调用了 Python 中的 Scikit-learn 机器学习库中的 XGB Regressor 模块。

构建模型时,对下列 3 个参数进行调整,以提高模型的性能和泛化能力。

① n_estimators:表示要训练的树的数量,即弱学习器的数量。较大的 n_estimators 通常可以提高模型性能,但同时也会导致更长的训练时间。通常,需要在模型性能和训练时间之间找到一个平衡点,一般通过交叉验证等方法来确定合适的值。默认值为 100。

② learning_rate:表示每次迭代中每颗树的权重缩减系数,也称作学习率。较小的 learning_rate 可以使模型更加鲁棒,但同时也需要更多的树来训练模型,从而导致更长的训练时间。默认值为 0.1。

③ max_depth:表示树的最大深度,即树的分支层数。较大的 max_depth 可以使得模型更加复杂,但同时会增加模型的方差,也容易导致过拟合。通常,需要在模型性能和过拟合之间找到一个平衡点。默认值为 6。

将挑选出的 11 个遥感因子作为自变量,n_estimators 取值为 200,learning_rate 取值为 0.03,max_depth 取值为 10 时,模型的拟合效果最佳。

各生育期 XGBoost 模型建模精度分布如表 2.13 所示。

表 2.13 XGBoost 模型建模精度分布

生育期	训练集评价指标				测试集评价指标			
	R^2	RMSE	MSE	MAE	R^2	RMSE	MSE	MAE
萌芽新梢期	0.987	0.622	0.387	0.442	0.802	2.451	6.005	1.887
开花期	0.984	0.927	0.859	0.671	0.691	4.122	16.992	3.329
成熟期	0.981	1.161	1.347	0.854	0.844	2.992	8.953	2.478

在 3 个时期中,XGBoost 模型的训练集 R^2 分别为 0.987、0.984 和 0.981,测试集 R^2 分别为 0.802、0.691 和 0.844,且在萌芽新梢期和成熟期,XGBoost 模型的测试集 R^2 较高,说明这两个时期的模型预测效果较好。XGBoost 模型的训练集 RMSE 和 MSE 均较小,测试集的 RMSE 和 MSE 也相对较小,说明 XGBoost 模型在这 3 个时期中表现较好。XGBoost 模型的训练集 MAE 和测试集 MAE 均较小,且在成熟期的测试集 MAE 最小,说明 XGBoost 模型在这个时期的预测效果最好。

彩图 2.20

综合来看,在这 3 个时期中,XGBoost 模型的表现相对较好(如图 2.20 所示),且在萌芽新梢期和成熟期的预测效果更好一些。

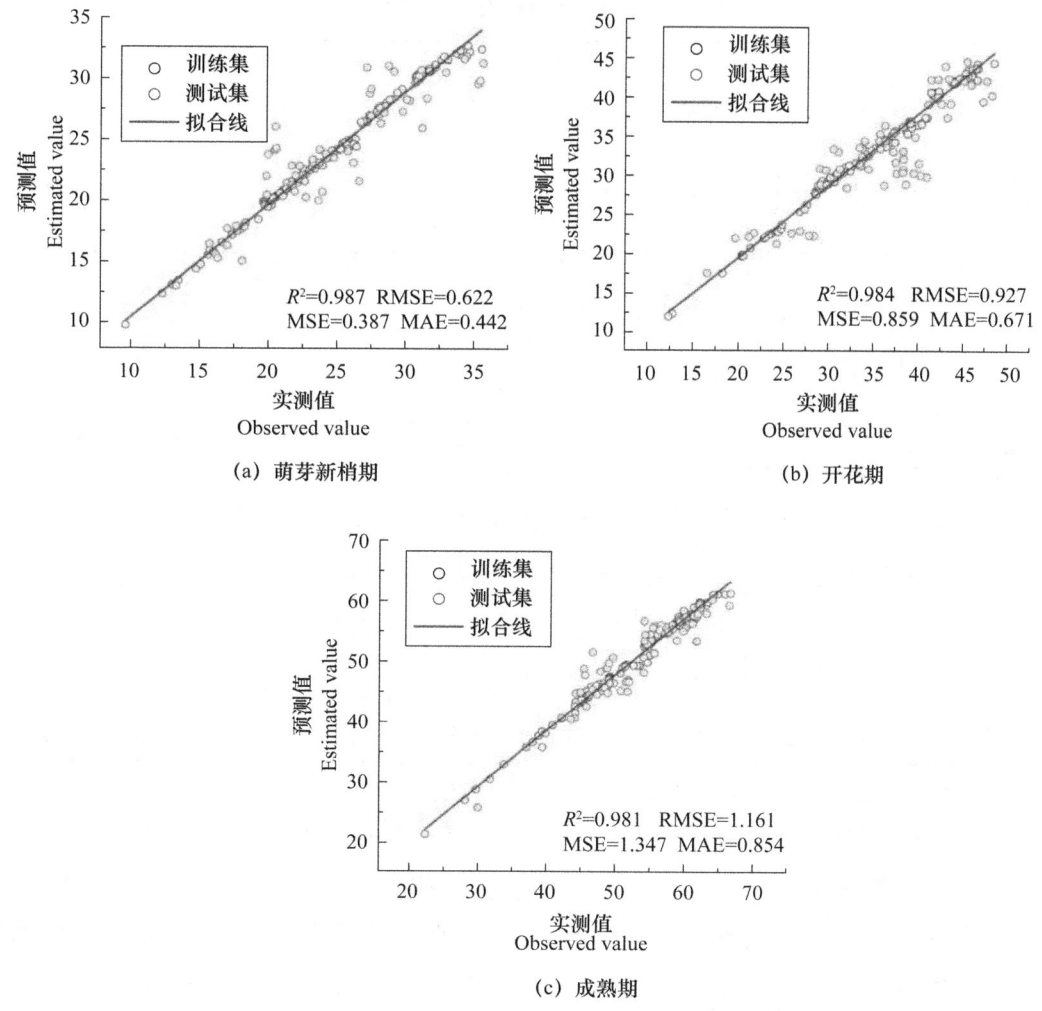

图 2.20 XGBoost 模型各生育期叶绿素含量拟合关系

2.5.6 选取最优模型

本研究将样地实测枣树冠层叶绿素含量数据分为两组,取其中 125 份数据参与枣树冠层叶绿素含量反演研究的模型构建,约占总数的 70%,另外 54 份数据进行反演模型的精度分析。叶绿素含量反演模型精度使用 R^2、RMSE、MSE、MAE 为评价指标进行分析,结果如表 2.14 所示。

表 2.14　反演模型结果汇总

生育期	模型	训练集评价指标				测试集评价指标			
		R^2	RMSE	MSE	MAE	R^2	RMSE	MSE	MAE
萌芽新梢期	MSR	0.652	3.096	9.585	2.491	0.697	3.034	9.204	2.390
	BP	0.835	2.129	4.532	1.775	0.852	2.122	4.504	1.710
	DT	0.934	0.845	0.715	0.645	0.854	1.469	2.157	1.045
	RF	0.972	0.910	0.829	0.741	0.828	2.275	5.177	1.846
	XGB	0.987	0.622	0.387	0.442	0.802	2.451	6.005	1.887
开花期	MSR	0.674	3.995	15.957	3.265	0.758	3.911	15.296	3.267
	BP	0.796	3.161	9.993	2.450	0.788	3.661	13.400	3.036
	DT	0.890	2.426	5.887	1.887	0.673	4.435	19.673	3.580
	RF	0.969	1.287	1.655	1.038	0.752	3.858	14.883	3.307
	XGB	0.984	0.927	0.859	0.671	0.691	4.122	16.992	3.329
成熟期	MSR	0.812	3.242	10.511	2.586	0.862	3.357	11.267	2.802
	BP	0.849	2.911	8.476	2.379	0.857	3.410	11.629	2.565
	DT	0.931	2.093	4.381	1.632	0.865	3.138	9.845	2.539
	RF	0.982	1.076	1.157	0.888	0.866	3.120	9.736	2.384
	XGB	0.981	1.161	1.347	0.854	0.844	2.992	8.953	2.478

从表 2.14 可以看出，随机森林模型和 XGBoost 模型在训练集和测试集上的表现都比其他模型优秀，故初步认定各生育期的最优模型为随机森林模型和 XGBoost 模型。

在萌芽新梢期，针对随机森林和 XGBoost 两种模型，在训练集上，XGBoost 模型的 R^2 为 0.987，RMSE 为 0.622，MSE 为 0.387，MAE 为 0.442，比随机森林模型表现更好。这表明 XGBoost 模型能够更好地拟合训练数据，捕捉数据的规律。在测试集上，虽然随机森林模型的 R^2 为 0.828（最高），但其 RMSE 为 2.275，MSE 为 5.177，MAE 为 1.846，比 XGBoost 模型表现差。RMSE、MSE 和 MAE 是用于衡量模型预测结果与真实值之间误差的指标，XGBoost 模型在这些指标上表现更好，说明它能够更准确地预测未知数据。因此，综合考虑后，XGBoost 模型在萌芽新梢期被认为是最优模型。

在开花期，针对随机森林和 XGBoost 两种模型，在训练集上，XGBoost 模型的 R^2 为 0.984，RMSE 为 0.927，MSE 为 0.859，MAE 为 0.671，比随机森林模型表现更好。这表明 XGBoost 模型能够更好地拟合训练数据。在测试集上，虽然随机森林模型的 R^2 为 0.752，比 XGBoost 模型稍低，但其 RMSE 为 3.858，MSE 为 14.883，MAE 为 3.307，比 XGBoost 模型表现稍好。虽然 XGBoost 模型在测试集上的表现稍逊于随机森林模型，但其在训练集和测试集上的表现仍然优于随机森林模型。这意味着 XGBoost 模型能够更好地泛化未知数据,并具有更好的预测能力。因此,综合考虑后,XGBoost 模型在开花期被认为是最优模型。

在成熟期,针对随机森林和 XGBoost 两种模型,在训练集上,随机森林模型和 XGBoost 模型的表现非常接近,分别是 0.982 和 0.981 的 R^2,RMSE 为 1.076 和 1.161,MSE 为 1.157 和 1.347,MAE 为 0.888 和 0.854。这表明两个模型在训练集上都能够很好地拟合数据。在测试集上,虽然随机森林模型的 R^2 为 0.866,略高于 XGBoost 模型(R^2 为 0.844),但 XGBoost 模型的 RMSE 为 2.992,MSE 为 8.953,MAE 为 2.278,比随机森林模型(RMSE 为 3.120,MSE 为 9.736,MAE 为 2.384)略好。这表明 XGBoost 模型在测试集上的表现相对更好,能够更好地泛化未知数据,并具有更好的预测能力。因此,综合考虑后,XGBoost 模型在成熟期被认为是最优模型。

综上所述,针对枣树不同生育期的冠层叶绿素含量反演问题,XGBoost 模型在各个阶段均表现出较好的性能。具体来说,XGBoost 模型在萌芽新梢期表现出了最高的预测准确度和最小的误差指标,而在开花期和成熟期,虽然随机森林模型在训练集上的 R^2 高于 XGBoost 模型,但是 XGBoost 模型在测试集上的表现更优,误差指标更小。因此,XGBoost 模型可作为反演枣树冠层叶绿素含量的最佳模型,用于绘制枣树在各生育期的叶绿素含量反演制图。该模型具有较高的预测准确度和较小的误差,对于枣树的生长监测和产量预测具有重要的意义。

2.5.7 反演制图

在反演的过程中,利用 ENVI5.3.1 中的 Layer Stacking 功能将相关性系数大于 0.6 的遥感因子组合成一张多光谱影像。在 Arcgis10.2 中以研究区枣树种植区域的栅格数据作为掩膜依据,将组合成的多光谱影像进行掩膜提取,得到研究区枣树种植区域 Sentinel-2 多光谱影像。将新疆昆玉市二二四团枣树种植区域的 Sentinel-2 多光谱影像进行逐像元采样,每个像元提取出相对应得变量因子。将提取的因子数据放入训练好的 XGBoost 模型、随机森林模型中,用 Sentinel-2 数据对萌芽新梢期、开花期和成熟期的枣树冠层叶绿素含量进行逐像元反演,得到不同生育期枣树冠层叶绿素含量空间分布图。首先计算 2.4.2 节中提取出的枣树种植区域每个像元 Sentinel-2 各波段的表现反射率,其次计算植被指数,最后将前文中从各生育期筛选出相关系数大于 0.6 的遥感因子输入 XGBoost 模型中,反演枣树种植区域各生育期各像元的叶绿素含量,进而得到如图 2.21 所示的叶绿素含量空间分布图。

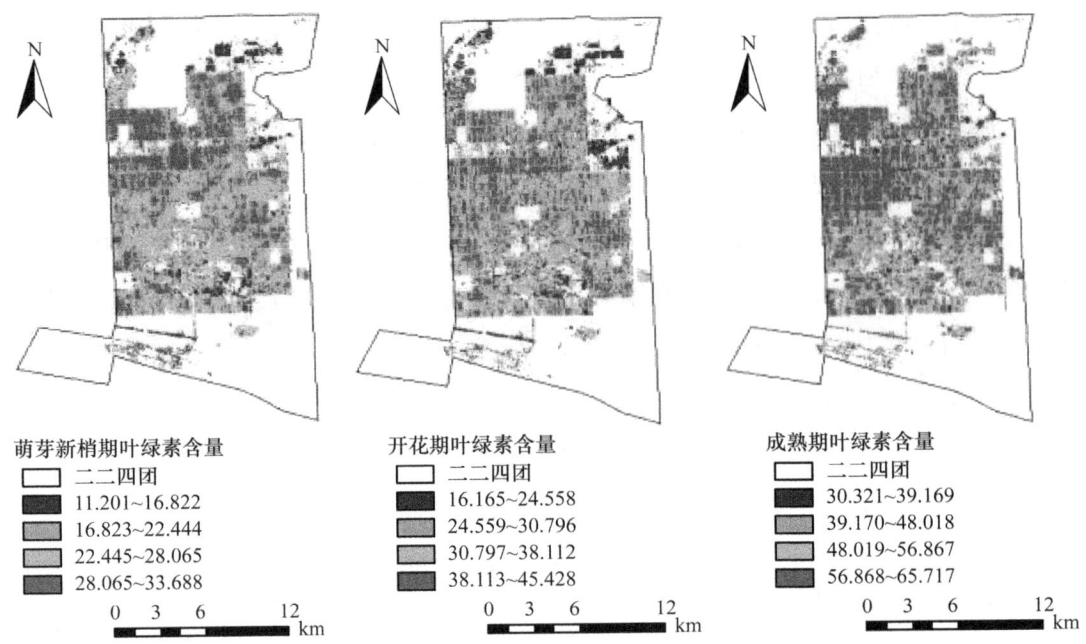

图 2.21 枣树冠层叶绿素含量空间分布图

从图 2.21 中可以看出,成熟期的枣树冠层叶绿素含量较高,而萌芽新梢期的叶绿素含量较低,从萌芽新梢期到成熟期的枣树冠层叶绿素呈逐渐上升的趋势,这与枣树实际生育过程中的叶绿素含量变化趋势一致。从图 2.21 可以看出,研究区北侧枣树冠层叶绿素含量高于南侧,说明在整个生育期内北侧的种植方式更适应于研究区内的枣树生长,尤其是研究区内西北侧的种植方式。

彩图 2.21

为了进一步验证 XGBoost 模型在全生育期的反演精度,在每个生育期随机选取 12 个试验小区(共 36 个枣树冠层叶绿素含量数据)与实测的叶绿素含量进行线性拟合分析,结果如图 2.22 所示。

由图 2.22 可知,XGBoost 模型在全生育期枣树冠层叶绿素含量反演的 R^2 为 0.989,RMSE 为 1.501,MSE 为 2.251,MAE 为 1.221,说明 XGBoost 模型在全生育期枣树冠层叶绿素含量反演任务中表现很好,预测误差相对较小,预测结果与实际结果之间的相关性很强。因此,利用该模型以及相关系数在 0.6 以上的遥感因子对不同生育期的枣树冠层叶绿素含量进行反演具有一定的可行性。

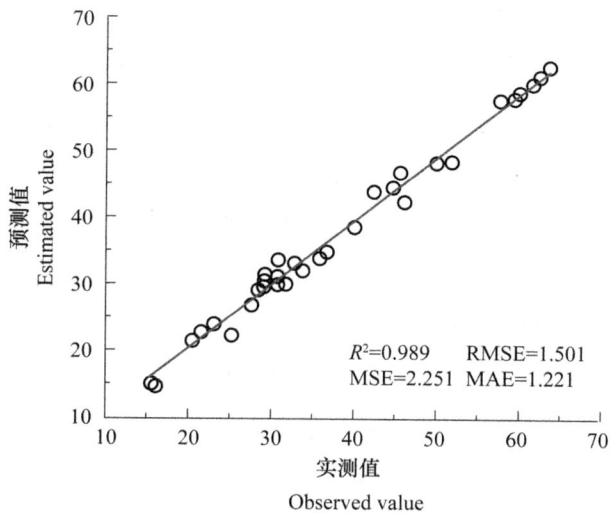

图 2.22　XGBoost 模型全生育期反演结果验证

2.6　总结与展望

2.6.1　总结

本研究选取新疆昆玉市二二四团部分地区所种植的骏枣为研究对象,以 Sentinel-2 多光谱影像数据作为主要的数据源,用支持向量机分类法对研究区域内的土地利用情况进行了监督分类,提取出研究区域内骏枣枣树的种植区域。本研究提取了 19 种遥感特征因子,结合研究区不同生育期地面实测枣树冠层叶绿素含量数据,建立了多元逐步回归、BP 神经网络、决策树、随机森林、XGBoost 等 5 种数据回归模型,并探究了模型精度,对枣树不同生育期冠层尺度下叶绿素含量的反演进行了深入研究。通过 R^2、MAE、MSE、RMSE 这 4 种评价指标来比较模型,并发现 XGBoost 模型为各生育期的最优模型。最后利用 XGBoost 模型对研究区域内的枣树在各个生育期的冠层叶绿素含量进行反演,得出的结论如下。

① 结合研究区不同生育期地面枣树冠层叶绿素含量数据和 11 个单波段因子、一种组合波段因子以及 7 种植被指数因子共 19 种提取出的遥感因子进行相关性分析,最终确定与枣树冠层叶绿素相关系数在 0.6 以上的遥感因子。

② 通过对多元逐步回归、BP 神经网络、决策树、随机森林和 XGBoost 等 5 种数据回归模型在不同生育期内反演枣树冠层叶绿素含量,并评价了这些模型的预测精度。通过 R^2、MAE、MSE 和 RMSE 这 4 种评价指标发现,XGBoost 模型在不同生育期内表现均为

最佳,且具有较高的预测准确度和稳定性。在萌芽新梢期,XGBoost 模型的 R^2 为 0.974、RMSE 为 0.822、MSE 为 0.677、MAE 为 0.678,相比于其他模型,表现最优。在开花期,XGBoost 模型的 R^2 为 0.752、RMSE 为 3.858、MSE 为 14.883、MAE 为 3.307,在所有模型中也表现最优。在成熟期,XGBoost 模型的 R^2 为 0.981、RMSE 为 1.161、MSE 为 1.347、MAE 为 0.854,同样表现最佳。因此,对于研究区内不同生育期的枣树冠层叶绿素含量的反演制图,XGBoost 模型是最优选择。

③ 选择 XGBoost 模型对枣树冠层叶绿素含量进行反演是可靠的。这一模型在不同生育期均表现出较高的预测能力,可以较准确地预测枣树冠层叶绿素含量。因此,该模型可以被用于研究区的全生育期,以及制作枣树冠层叶绿素含量反演制图,为枣树种植业的发展提供科学依据和指导。同时,该研究也为其他农作物的冠层叶绿素含量反演研究提供了参考。

2.6.2 展望

本研究以 Sentinel-2 卫星多光谱数据为主要数据源,以研究区域内枣树冠层叶绿素含量反演为目的,开展实验研究工作。尽管构建的枣树冠层叶绿素含量估算模型和反演结果有很好的效果,但还存在以下 5 个方面的问题,需在今后的研究中进一步完善。

① 在模型选取方面,本研究提出了多元逐步回归、BP 神经网络、随机森林、决策树、XGBoost 等 5 种反演模型。虽然 XGBoost 模型在反演枣树冠层叶绿素含量方面取得了较好的结果,但是模型的选取一直是遥感反演研究中的一个难点,还有其他很多模型可供选择。在后续的研究中,可以尝试建立更多的模型,并对这些模型的性能进行对比和分析,选出精度更高的模型来反演冠层叶绿素含量,进而提高农作物遥感反演的准确性。

② 在遥感数据选取方面,本研究中构建的枣树冠层叶绿素含量反演模型利用 Sentinel-2 多光谱数据波段提取的遥感因子在反演模型构建时取得了良好的效果。然而,Sentinel-2 与其他光学遥感在波段参数等方面存在差异。因此,所提取的遥感因子在其他光学遥感多光谱数据上的效果还有待检验。

③ 在遥感因子选取方面,除了本研究中使用的几种遥感因子,还有更多的因子可以用于叶绿素含量反演。因此,在后续研究中可以考虑扩大遥感因子的选取范围,以获得更加准确和全面的反演结果。例如,可以使用 Landsat 系列、GF 系列等多光谱卫星遥感数据进行遥感因子的提取,也可以考虑使用高光谱数据、雷达数据等多源数据融合的方法提取遥感因子。同时,在遥感因子的选取过程中,还可以结合植被生长特征、地表覆盖情况、气象因素等多种因素进行综合分析,以获取更加全面和准确的遥感因子。

④ 在数据源选取方面,由于数据分辨率较低,可能会影响农作物的冠层叶绿素含量

估测精度。因此，在后续的研究中，可以考虑利用具有更高精度和分辨率的数据源来进一步研究和分析农作物的冠层叶绿素含量。同时，还可以结合机器学习和人工智能等对数据进行深度学习和分析，以提高数据的处理效率和准确性，并加强对农作物冠层叶绿素含量的研究和应用。这些工作的开展，将有助于更好地理解农作物生长状况，提高农业生产效益，促进农业可持续发展。

⑤ 在研究区域方面，本研究所提出的枣树冠层叶绿素含量反演方法仅在新疆昆玉市二二四团的枣树种植区进行了实验。在其他研究区域，该方法的适用性尚未得到充分验证。因此，希望在后续的研究中能够对更多、更广阔的区域进行实验和验证，以进一步探究该方法的适用性和可行性，并为农作物冠层叶绿素含量的研究提供更多的科学依据。

参 考 文 献

[1] 刘孟军. 枣属植物分类学研究进展——文献综述[J]. 园艺学报, 1999, 25(6): 302-308.

[2] 吴翠云. 钾肥对骏枣叶片光合特性和果实品质及糖代谢影响的研究[D]. 中国农业大学, 2016.

[3] 樊保国. 枣果的功能因子与保健食品的研究进展[J]. 食品科学, 2005, 26(9): 587-591.

[4] 杨永祥, 陈锦屏, 吴曼. 红枣营养保健价值及其加工利用的研究进展[J]. 农产品加工, 2009(1): 52-53.

[5] RASHWAN A K, KARIM N, SHISHIR M R I, et al. Jujube fruit: a potential nutritious fruit for the development of functional food products[J]. Journal of Functional Foods, 2020, 75: 104205.

[6] 智研咨询. 2018—2024年中国红枣行业发展现状报告及投资潜力风险分析预测报告[R]. 北京: 北京智研科信咨询有限公司, 2019.

[7] 陈晓丽. 新疆特色林果产品市场营销策略研究——以红枣为例[D]. 石河子: 石河子大学, 2019.

[8] 李洪春. 枣树栽培管理技术[J]. 农民致富之友, 2016(10): 166.

[9] 王雨, 李占林, 刘晓红, 等. 新疆枣业发展现状及品种选择[J]. 农村科技, 2017(9): 71-73.

[10] QIAO L, ZHANG Z Y, CHEN L S, et al. Detection of chlorophyll content in maize canopy from UAV imagery[J]. IFAC-PapersOnLine, 2019, 52(30):

330-335.

[11] ALI A M, DARVISHZADEH R, SKIDMORE A, et al. Comparing methods for mapping canopy chlorophyll content in a mixed mountain forest using Sentinel-2 data[J]. International Journal of Applied Earth Observation and Geoinformation, 2020, 87: 102037.

[12] 韩文霆, 张立元, 牛亚晓, 等. 无人机遥感技术在精量灌溉中应用的研究进展[J]. 农业机械学报, 2020, 51(2): 1-14.

[13] 陈轶. 遥感技术中信息的模拟与处理[D]. 上海: 复旦大学, 2001.

[14] 郑阳, 吴炳方, 张淼. Sentinel-2 数据的冬小麦地上干生物量估算及评价[J]. 遥感学报, 2017, 21(2): 318-328.

[15] 张苏. 冠层和叶片尺度植被参数的高光谱遥感反演研究[D]. 北京: 中国科学院大学(中国科学院遥感与数字地球研究所), 2017.

[16] BACOUR C, BARET F, BÉAL D, et al. Neural network estimation of LAI, fAPAR, fCover and LAI × Cab, from top of canopy MERIS reflectance data: Principles and validation[J]. Remote Sensing of Environment, 2006, 105(4): 313-325.

[17] DORIGO W A, ZURITA-MILLA R, DE WIT A J W, et al. A review on reflective remote sensing and data assimilation techniques for enhanced agroecosystem modeling[J]. International Journal of Applied Earth Observation and Geoinformation, 2007, 9(2): 165-193.

[18] VERRELST J, CAMPS-VALLS G, MUÑOZ-MARÍ J, et al. Optical remote sensing and the retrieval of terrestrial vegetation bio-geophysical properties-A review[J]. ISPRS Journal of Photogrammetry and Remote Sensing, 2015, 108: 273-290.

[19] 宋博文. 基于主成分分析的叶片光谱模拟与参数反演[D]. 西安: 西安科技大学, 2018.

[20] 曾小茜. 基于近地面遥感的再生稻叶片叶绿素含量反演[D]. 武汉: 华中农业大学, 2022.

[21] 王波, 谭志祥, 邓喀中. 基于 DS-InSAR 的西部矿区地表时序沉降监测与分析[J]. 金属矿山, 2022(5): 160-169.

[22] 许敏. 南方丘陵路域植被叶绿素含量哨兵二号遥感定量反演研究[D]. 长沙: 长沙理工大学, 2020.

[23] 封红娥,李战,黄波.基于 ZY-102D 影像的白洋淀水域叶绿素 a 浓度遥感反演[J].科学技术与工程,2023,23(3):1301-1307.

[24] 刘浦东.种间竞争条件下互花米草光谱特征分析及叶绿素含量反演研究[J].测绘学报,2022,51(12):2559.

[25] 郭阳.新疆哈密瓜作物冠层图像光谱监测与果实品质分析[D].乌鲁木齐:新疆农业大学,2022.

[26] 江凯伦.基于无人机高光谱遥感的水稻冠层叶片叶绿素含量反演方法研究[D].沈阳:沈阳农业大学,2022.

[27] 杨旭,卢学鹤,石晶明,等.基于 Sentinel-2 卫星数据的水稻叶片叶绿素含量反演研究[J].光谱学与光谱分析,2022,42(03):866-872.

[28] 王春霞.基于无人机遥感的棉花叶绿素反演及估产模型研究[D].乌鲁木齐:新疆农业大学,2022.

[29] 许章华,周鑫,姚雄,等.基于 Sentinel-2AMSI 特征的毛竹林刚竹毒蛾危害检测[J].农业机械学报,2022,53(05):191-200.

[30] 陈龙跃.大田水稻关键生育期生物理化参数遥感监测[D].武汉:湖北大学,2020.

[31] 陈鹏.基于无人机多源遥感的马铃薯叶绿素含量反演机理及模型构建[D].焦作:河南理工大学,2019.

[32] 汤森林.基于特征选择和长短期记忆神经网络的葡萄叶面积指数高光谱反演[D].中国科学院大学(中国科学院遥感与数字地球研究所),2019.

[33] 刘江凡,赵泽艺,李朝阳,等.基于无人机多光谱遥感的苹果树冠层 SPAD 反演[J].排灌机械工程学报,2024,42(05):525-531.

[34] 王德俊.基于无人机影像的新疆加工番茄长势监测及产量预测研究[D].乌鲁木齐:新疆农业大学,2022.

[35] 田洋洋.基于多源卫星遥感数据的水稻纹枯病生境适宜性评价研究[D].杭州:杭州电子科技大学,2021.

[36] 张加晋.近岸Ⅱ类水体叶绿素浓度遥感反演的算法综述[J].福建水产,2009(1):43-47.

[37] 张阳阳.耦合叶片-冠层模型的植被典型参数反演方法研究[D].北京:中国地质大学,2022.

[38] 赫晓慧,冯坤,郭恒亮,等.基于 PROSAIL 模型和遗传算法优化的 BP 神经网络模型的不同大豆种群叶面积指数反演比较[J].河南农业大学学报,2021,55(04):698-706.

[39] 徐丰.稀土矿区复垦植被叶片光谱特征及叶绿素含量反演研究[D].赣州：江西理工大学,2021.

[40] 纪童,王波,杨军银,等.祁连山东缘高寒草地植物群落叶绿素高光谱反演模型的建立[J].草原与草坪,2021,41(2)：25-33.

[41] 贾越平.基于GOCI数据的北黄海叶绿素浓度反演模型研究[D].大连：大连海洋大学,2019.

[42] 罗小波,谢天授,董圣贤.基于无人机多光谱影像的柑橘冠层叶绿素含量反演[J].农业机械学报,2023,54(4)：198-205.

[43] 李莉婕,岳延滨,王延仓,等.高光谱定量反演火龙果茎枝叶绿素含量的研究[J].光谱学与光谱分析,2021,41(11)：3538-3544.

[44] 赵占辉,张丛志,张佳宝,等.基于回归分析的玉米冠层叶绿素含量高光谱反演分析[J].中国农学通报,2021,37(20)：7-16.

[45] 苏伟,王伟,刘哲,等.无人机影像反演玉米冠层LAI和叶绿素含量的参数确定[J].农业工程学报,2020,36(19)：58-65.

[46] 姜海玲,李耀,赵艺源,等.扬花期冬小麦冠层叶绿素含量高光谱遥感反演[J].吉林师范大学学报(自然科学版),2020,41(3)：133-140.

[47] 曹英丽,邹焕成,郑伟,等.水稻叶片高光谱数据降维与叶绿素含量反演方法研究[J].沈阳农业大学学报,2019,50(1)：101-107.

[48] 于沔卉,杨贵军,王崇倡.地面高光谱和PROSAIL模型的冬小麦叶绿素反演[J].测绘科学,2019,44(11)：96-102.

[49] 奚雪,赵庚星.基于无人机多光谱遥感的冬小麦叶绿素含量反演及监测[J].中国农学通报,2020,36(20)：119-126.

[50] SUN J,SHI S,WANG L C,et al. Optimizing LUT-based inversion of leaf chlorophyll from hyperspectral lidar data：Role of cost functions and regulation strategies[J]. International Journal of Applied Earth Observation and Geoinformation,2021,105：102602.

[51] QI H X,ZHU B Y,KONG L X,et al. Hyperspectral inversion model of chlorophyll content in peanut leaves[J]. Applied Sciences,2020,10(7)：2259.

[52] WANG T L,GAO M F,CAO C L,et al. Winter wheat chlorophyll content retrieval based on machine learning using in situ hyperspectral data[J]. Computers and Electronics in Agriculture,2022,193：106728.

[53] 李晓凯,于海业,于跃,等.基于仿生优化算法的水稻叶绿素含量反演模型[J].

光谱学与光谱分析，2023，43(1)：93-99.

[54] 丁怡人，李冬梅，马露露，等. 滴灌棉花叶绿素荧光参数与棉花生长指标反演模型研究[J]. 干旱地区农业研究，2020，38(6)：234-242.

[55] 于丰华，冯帅，赵依然，等. 粳稻冠层叶绿素含量PSO-ELM高光谱遥感反演估算[J]. 华南农业大学学报，2020，41(06)：59-66.

[56] 郭云开，许敏，张晓炯，等. 结合PRO-4SAIL和BP神经网络的叶绿素含量高光谱反演[J]. 测绘通报，2020(3)：21-24.

[57] 王念一，于丰华，许童羽，等. 基于机器学习的粳稻叶片叶绿素含量高光谱反演建模[J]. 浙江农业学报，2020，32(2)：359-366.

[58] XU X Q, LU J S, ZHANG N, et al. Inversion of rice canopy chlorophyll content and leaf area index based on coupling of radiative transfer and Bayesian network models[J]. ISPRS Journal of Photogrammetry and Remote Sensing, 2019, 150: 185-196.

[59] 雷祥祥，赵静，刘厚诚，等. 基于PROSPECT模型的蔬菜叶片叶绿素含量和SPAD值反演[J]. 光谱学与光谱分析，2019，39(10)：3256-3260.

[60] ANNALA L, HONKAVAARA E, TUOMINEN S, et al. Chlorophyll concentration retrieval by training convolutional neural network for stochastic model of leaf optical properties (SLOP) inversion[J]. Remote Sensing, 2020, 12(2): 283.

[61] ZARCO-TEJADA P J, MILLER J R, NOLAND T L, et al. Scaling-up and model inversion methods with narrowband optical indices for chlorophyll content estimation in closed forest canopies with hyperspectral data [J]. IEEE Transactions on Geoscience and Remote Sensing, 2001, 39(7): 1491-1507.

[62] VINCINI M, FRAZZI E. Comparing narrow and broad-band vegetation indices to estimate leaf chlorophyll content in planophile crop canopies [J]. Precision Agriculture, 2011, 12(3): 334-344.

[63] 张明政，苏伟，朱德海. 基于PROSAIL模型的玉米冠层叶面积指数及叶片叶绿素含量反演方法研究[J]. 地理与地理信息科学，2019，35(05)：28-33.

[64] 甘海明，岳学军，洪添胜，等. 基于深度学习的龙眼叶片叶绿素含量预测的高光谱反演模型[J]. 华南农业大学学报，2018，39(3)：102-110.

[65] CORTIVO F D, CHALHOUB E S, VELHO H D C, et al. Chlorophyll profile estimation in ocean waters by a set of artificial neural networks[J]. Computer

Assisted Mechanics and Engineering Sciences，2015，22：63-88.

[66] 曾晓红，冯丽红，刘国昊，等.气候变化对棉花产量影响的实证分析——以昆玉市为例[J].安徽农业科学，2020，48(20)：234-237.

[67] 周广胜，任鸿瑞，刘通，等.一种基于地形-气候-遥感信息的区域植被制图方法及其在青藏高原的应用[J].中国科学：地球科学，2023，53(02)：227-235.

[68] 闻亮，李澜，高鸣远，等.基于水体时空稳定特性的辐射一致性校正方法[J].江苏水利，2023(1)：36-39.

[69] 毛鸿欣，贾科利，张旭.基于实测高光谱和Sentinel-2B影像的银川平原土壤盐分反演[J].云南大学学报(自然科学版)，2021，43(05)：929-941.

[70] 胡方超，杨若子，陈正超.光谱响应函数对卫星辐射的影响分析//[C]第十八届十三省市光学学术会议论文集.上海市红外与遥感学会，上海光学精密机械研究所：上海市红外与遥感学会，2010：229-236.

[71] 吕杰.基于机器学习和辐射传输模型的农作物叶绿素含量高光谱反演模型[D].北京：中国地质大学，2012.

[72] HUMPAGE S. An introduction to regression analysis[J]. Sensors，2000，17(9)：68-74.

[73] CARD D H, PETERSON D L, MATSON P A, et al. Prediction of leaf chemistry by the use of visible and near infrared reflectance spectroscopy[J]. Remote Sensing of Environment，1988，26(2)：123-147.

[74] HECHT-NIELSEN R. Theory of the backpropagation neural network[J]. Neural Networks for Perception，1992：65-93.

[75] 高连超.基于决策树算法的滚动轴承的故障诊断研究与实现[D].沈阳：沈阳工业大学，2022.

[76] 王鹤澎.海量不一致数据的分类算法研究[D].哈尔滨：哈尔滨工业大学，2017.

[77] 熊钧，徐永凯.基于BP神经网络的多联机实时能耗预测模型研究[J].现代建筑电气，2022，13(02)：45-47.

[78] PAVLOV Y L. Limit theorems for the number of trees of a given size in a random forest[J]. Mathematics of the USSR-Sbornik，1977，32(3)：335-345.

[79] CHEN T Q, GUESTRIN C. XGBoost：a scalable tree boosting system[EB/OL]. http://arxiv.org/abs/1603.02754.

[80] 高金敏，郭佩佩.基于自回归XGBoost时序模型的GDP预测实证[J].数学的实践与认识，2021，51(07)：9-16.

[81] 王晓晖，张亮，李俊清，等. 基于遗传算法与随机森林的 XGBoost 改进方法研究[J]. 计算机科学，2020，47(S2)：454-458.

[82] WILLMOTT C J. On the validation of models[J]. Physical Geography，1981，2(2)：184-194.

[83] NAGELKERKE N J D. A note on a general definition of the coefficient of determination[J]. Biometrika，1991，78(3)：691-692.

[84] 王德娟. 基于 DNDC 模型与遥感信息数据同化的枣树估产研究[D]. 西安：长安大学，2021.

[85] VISA S，RAMSAY B，RALESCU A L，et al. Confusion matrix-based feature selection[C]//Proceedings of The 22nd Midwest Artificial Intelligence and Cognitive Science Conference 2011，Cincinnati，Ohio，USA，2011.

[86] ROUSE J W，HAAS R H，SCHELL J A，et al. Monitoring vegetation systems in the great plains with ERTS[C]//Proceedings of the Third Earth Resources Technology Satellite-1 Symposiu，NASA，Greenbelt，MD，1974：301-317.

[87] HUETE A，DIDAN K，MIURA T，et al. Overview of the radiometric and biophysical performance of the MODIS vegetation indices[J]. Remote Sensing of Environment，2002，83(1/2)：195-213.

[88] TUCKER C J. Red and photographic infrared linear combinations for monitoring vegetation[J]. Remote Sensing of Environment，1979，8(2)：127-150.

[89] GITELSON A A，KAUFMAN Y J，MERZLYAK M N. Use of a green channel in remote sensing of global vegetation from EOS-MODIS[J]. Remote Sensing of Environment，1996，58(3)：289-298.

[90] JORDAN C F. Derivation of leaf-area index from quality of light on the forest floor[J]. Ecology，1969，50(4)：663-666.

[91] HUETE A R. A soil-adjusted vegetation index (SAVI)[J]. Remote Sensing of Environment，1988，25(3)：295-309.

[92] RONDEAUX G，STEVEN M，BARET F. Optimization of soil-adjusted vegetation indices[J]. Remote Sensing of Environment，1996，55(2)：95-107.

第3章 结合 Landsat 8 植被指数和物候期长度的红枣产量预测方法

3.1 引 言

枣树(Zizyphus jujuba)主要种植于亚洲和美洲的亚热带和热带地区,其果实因富含维生素C、氨基酸和矿物质等营养价值而被誉为中国五大名果之一[1]。此外,红枣还被广泛应用于传统中药中,其具有解热镇痛、滋补养血、镇静安神等功效[2-3]。2017年,我国红枣种植面积约为325万公顷(hm^2),其中,新疆维吾尔自治区红枣种植面积占全国的三分之一。此外,新疆的红枣产量占全国的二分之一,且质量高于其他地区。鉴于红枣生产对于新疆乃至整个中国经济的重要性,尽早进行区域产量预测对于宣传和国家制定种植政策、粮食安全和出口战略至关重要。传统的红枣产量预测方法是人工调查法,通常在每年10月初(收获前一个月)进行。虽然各地区数据收集的记账原则相同,但各地区收集区域产量数据的方法可能不同,而且不一定准确。某些不确定性可能会影响预测的准确性。此外,这种方法也会浪费人力和物力。

三十多年来,遥感技术被广泛用于监测作物生长状况和预测产量[4]。特别是归一化植被指数(NDVI)等已被广泛用于作物产量监测和绘图[4-10]。此外,其他指数也被用于作物产量预测,如绿叶面积指数(GLAI)[11]、增强植被指数(EVI)[4, 12-13]、归一化差异水分指数(NDWI)[4]等。

最近,越来越多的遥感研究利用美国航空航天局(NASA)中分辨率成像光谱仪(MODIS)[4, 7, 13-16]的高频观测数据和卓越的光谱分辨率,对一年生作物进行了产量预测。不过,它的空间分辨率相对较低,只有250 m、500 m 和 1 000 m[4],更适用于大规模作物产量监测。果树不同于一年生作物,它通常生长在特定的区域,因此,需要空间分辨率更高的遥感数据来预测果树产量,如大地遥感卫星专题成像仪(TM)、WorldView-3 和 ASTER。研究发现,这些遥感卫星的光谱波段作为葡萄[17-18]、芒果[19]和橄榄[20]的产量预测指标的适性能良好,显示出很强的相关性。此外,机载遥感监测系统也显示出良好的产量和质量预测能力,如葡萄和柑橘[21-24]。值得注意的是,NDVI仍经常被用作水果产量评估指标。Landsat 8 可生成中等空间分辨率(30 m)的数据,但重复周期较长(16 天),这在一定程度上限制了其在大规模产量预测中的应用。不过,它一般可以生成区域尺度的数据,因此,也被用于一年生作物和水果作物的产量预测[9,17,25-28]。

一些研究表明,植被指数(VI)与产量之间的相关性在作物的生长期变化很大[7,29-32]。作物播种或出苗日期和物候期在不同年份往往有所变化。因此,使用固定的日期可能不是根据遥感物候参数进行准确预测的最佳方法[4,7,29]。因此,一些研究利用物候信息、VI 时间序列、地面辅助数据或地表参数来调整 VI 或优化预测模型[4-5,33-37]。特别是 Douglas K 等[4]证实,整合从 MODIS 获取的作物物候相关信息可显著改善模型在年内和跨年的性能。然而,根据作物生长规律,作物通常包括 3 个主要生长阶段:播种或出苗、开花和成熟。生长期的长度可定义为从作物出苗到成熟或衰老(叶片变黄)的时间段。生物量总产量可根据平均日生物量产量乘以总生长期计算得出[38]。通常生长期越长,尤其是果实灌浆期(从开花到成熟)越长,产量就越高。[38]因此,基于遥感的作物产量预测模型可能会大大受益于结合作物物候生长期的长度,这为有限的 Landsat 8 数据或其他中高分辨率遥感数据提供了有价值的研究探索。总之,本研究以红枣产量预测为例,探索了一种将 Landsat 8 VI 与物候生长期长度相结合的方法,以提高预测精度。本研究的目的如下。

① 评估利用 Landsat 8 的光谱信息预测区域范围内红枣产量的潜力。
② 确定可靠预测红枣产量的物候期,并比较不同物候期在产量预测方面的性能。
③ 探索利用生长期长度改进基于遥感的红枣产量预测模型的方法。

3.2 数据和方法

3.2.1 研究区域

本次研究区域集中在中国西部的一个农业城市,该城市的红枣种植面积较大,包括 10 个生态区,种植面积约为 50 000 hm², 干枣产量几乎占全国总产量的八分之一。我们选择了 4 个研究年份中枣树种植面积超过 2 000 hm² 的 10 个生态区(第 7~16 号,见图 3.1)进行分析。90% 以上的枣树是在 2007—2010 年间种植的,种植密度较大(平均每公顷近 5 000 棵)。在这一干旱暖温带

彩图 3.1

地区,年平均降雨量在 40~98 mm 之间,农业用水主要依靠灌溉。年平均气温在 10.8~12.5 ℃之间,最大日温差为 20 ℃,积温(高于 10 ℃)为 4 105 ℃。果树通常在 4 月中旬发芽,10 月初果实成熟,11 月初收获。

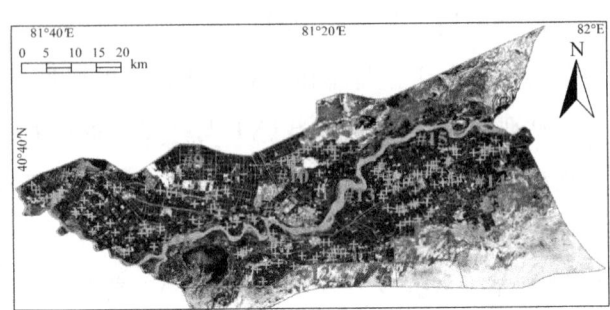

图 3.1　枣园以及研究区域和 200 个观测点

3.2.2　研究框架

本研究的战略核心是利用生长期的 Landsat 8 VI 来预测红枣产量。更重要的是,本研究的关键创新点是利用作物生长期的长度来改进产量预测模型。本研究包括 3 个主要步骤(见图 3.2)。

1. 模型建立

根据不同生长阶段的 VI,分别对 2013 年、2014 年、2016 年和 2017 年原地 200 个观测点(4 年共 800 个观测点)的 VI、红枣产量进行相关性分析,确定最佳建模时间和 VI,从而进行可靠的产量预测。同时,利用 2017 年的数据,比较线性模型、指数模型、幂模型和对数模型的 R^2 和 RMSE,建立拟合良好的方程。

2. 模型改进与初步验证

根据有效积温的总和计算出红枣物候生长期的长度,并将其用于优化 VI-产量模型。利用 2013 年、2014 年和 2016 年 200 个相同的观测数据分别对所提出的方法进行初步验证。

3. 区域尺度验证

提取红枣种植面积和 VI,并利用 10 个生态区于 2013 年、2014 年、2016 年和 2017 年的官方产量数据进一步验证所提出的方法。

彩图 3.2

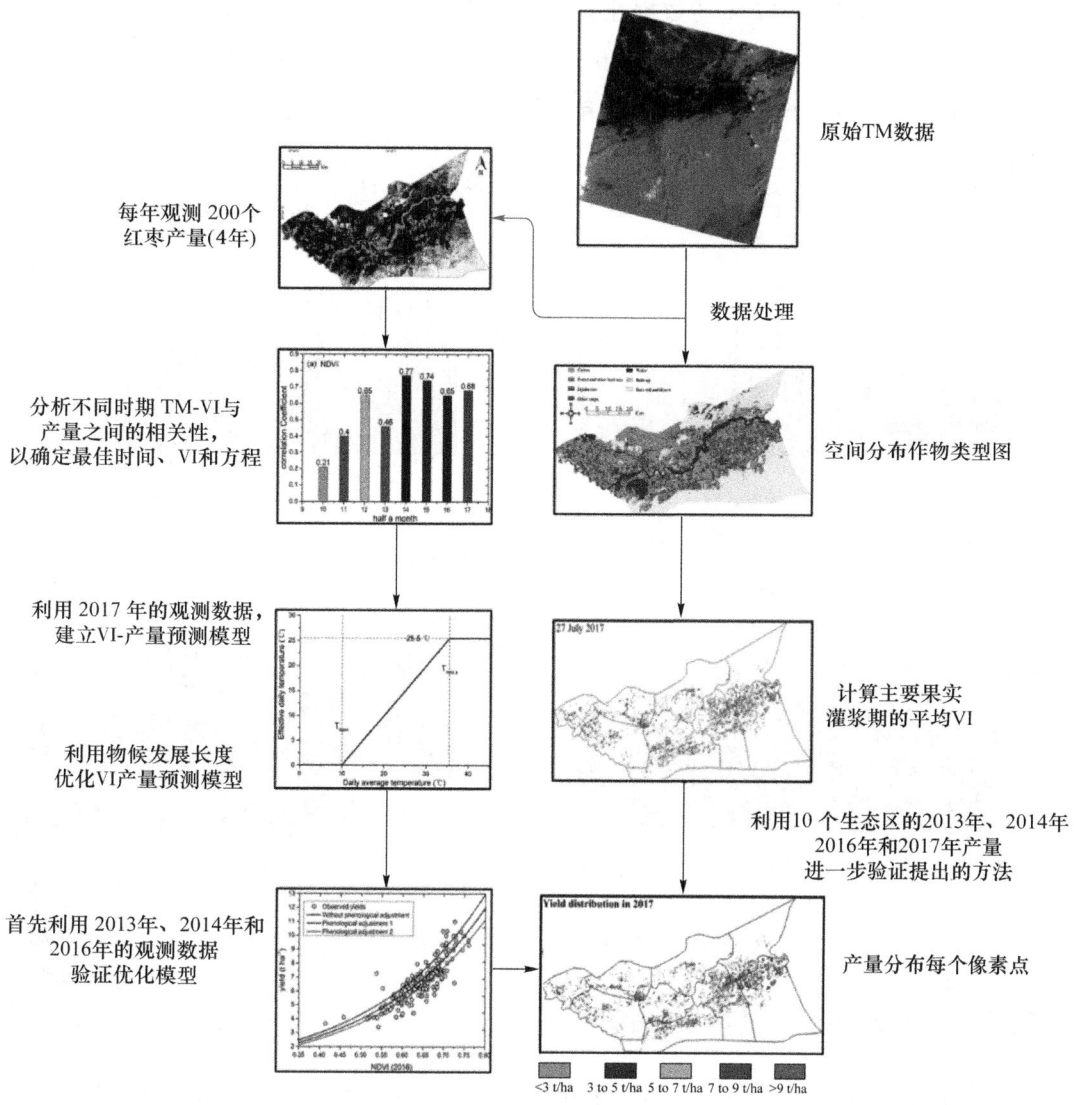

图 3.2 本研究的主要步骤

3.2.3 红枣产量数据

本研究采用了两部分红枣产量数据,包括每年 200 个观测点(4 年 800 个观测点)的产量数据和从 10 个生态区收集的 2013—2017 年间的官方统计产量数据。每个观测点由 Landsat 卫星图像中超过 60 像素的纯枣园组成。2006 年之前种植的枣树占 8.5%,2007 年占 14.5%,2008 年占 33%,2009 年占 34.5%,2010 年占 9.5%。产量数据来自每块整地,并在出售时称重。图 3.3 显示了 200 个观测点的年际产量变化,可以从中看出,平均产量逐年增加。首先利用 200 个观测点的产量数据分析 VI 与产量的相关性,以确定最佳建模时间。此外,利用 2017 年的数据建立预测模型,并利用 2013、2014 和 2016 年的数据对所提出的方法进行初步验证。利用 10 个生态区的官方统计产量数据,进一步验证和评估基于所提方法的区域尺度年际产量变异预测能力。

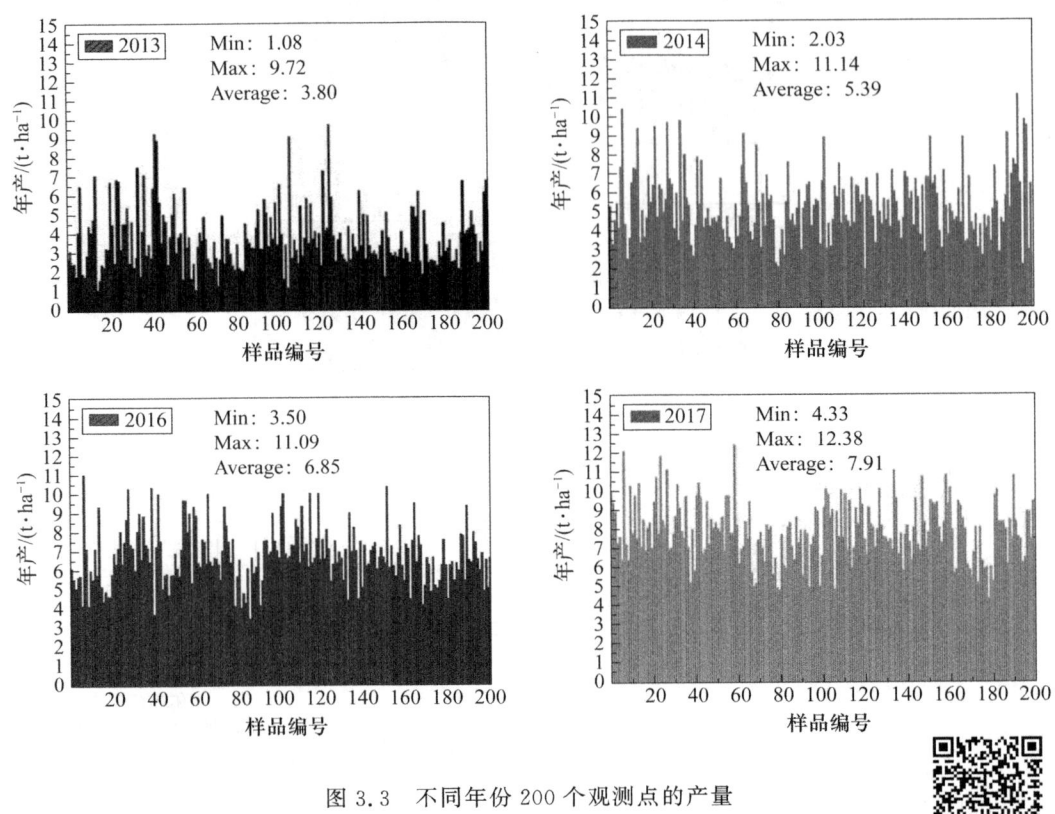

图 3.3　不同年份 200 个观测点的产量

3.2.4　Landsat 卫星数据处理

彩图 3.3

经处理的 2013—2017 年阿拉尔市生长季(5—9 月)Landsat 8 数据来自美国地质调查局(https://earthexplorer.usgs.gov/)。首先,利用 50 个实地测量的地面控制点,包括道路交叉点、重要建筑物和农田交叉点,参照阿尔伯斯圆锥等面积地图投影进行几何校正。每幅 Landsat 图像的校正位置与实测位置的均方根误差(RMSE)均小于一个像素(30 m)。其次,采用光谱超立方体快速视线大气分析(FLAASH)模型进行大气校正。FLAASH 校正参数设置如下:传感器高度＝705 km,地面高度＝0.017 5 km,像素尺寸＝30 mm,大气模型＝亚北极夏季,气溶胶模型＝城市,水柱乘数＝1.00,气溶胶检索＝2 波段(K-T),初始能见度＝40 km,KT 上波段＝SWIR 2,KT 下波段＝红色,上波段最大反射率＝0.08,反射比＝0.50。最后,使用阿拉尔市的边界文件来提取我们的研究区域。

为了获得本研究区域枣树的 VI,通过比较基于 Mahalanobis Distance、Maximum Likelihood、Minimum Distance、神经网络和支持向量机方法的监督分类的总体准确率、卡帕系数和枣树分类准确率,获得最佳空间分布作物类型图。采用神经网络方法时的参数设置如下:激活=逻辑,训练阈值贡献=0.8,训练率=0.2,训练有效值=0.1,隐藏层数=1,训练迭代次数=1000。分类后,将红枣种植面积转换为有效的矢量文件,以提取♯9~♯16区域的平均指数。这些处理都是在ENVI 5.3中完成的。

此外,NDVI[39]、SAVI[40]、NDWI[41]和EVI[42]可分别用以下公式计算:

$$\text{NDVI}=\frac{\rho_{\text{nir}}-\rho_{\text{red}}}{\rho_{\text{nir}}+\rho_{\text{red}}} \tag{3-1}$$

$$\text{SAVI}=\frac{\rho_{\text{nir}}-\rho_{\text{red}}}{\rho_{\text{nir}}+\rho_{\text{red}}+L}\times(1+L) L=0.5 \tag{3-2}$$

$$\text{NDWI}=\frac{\rho_{\text{nir}}-\rho_{\text{swir}}}{\rho_{\text{nir}}+\rho_{\text{swir}}} \tag{3-3}$$

$$\text{EVI}=2.5\times\frac{\rho_{\text{nir}}-\rho_{\text{red}}}{\rho_{\text{nir}}+6.0\rho_{\text{red}}-7.5\rho_{\text{blue}}+1} \tag{3-4}$$

其中,ρ_{nir}、ρ_{red}和ρ_{blue}分别为Landsat 8图像近红外波段、红光波段和蓝光波段的光谱反射率。

最后,根据上述处理方法提取了生长季节200个观测点和10个生态区的NDVI、SAVI、NDWI和EVI。

3.2.5 产量建模方法

以往的研究证实,作物产量和VI可能有不同的拟合方程,包括线性模型[43]、指数模型[44]和幂模型[7,45]。不同的研究结果表明,土壤、作物类型和环境等许多因素都会影响回归模型[7]。因此,根据主要生长期获得的VI,分别采用不同的统计回归模型来预测红枣产量,并比较线性模型、指数模型、幂模型和对数模型的结果,以便选出最佳模型。更重要的是,我们的方法的关键创新点在于,利用了有效积温计算的生长期长度来改进预测模型。本研究的方法包括3个主要步骤。

(1)计算红枣生长期的长度

根据WOFOST作物生长模型的理论背景,作物生长期是指作物从出苗到成熟或衰老(叶片变黄)的时期,用天表示[38]。红枣的物候发育阶段可定义为3个重要阶段,其数值范围为0~2。其中,0为出苗($D_{s,t}=0$),1为开花($D_{s,t}=1$),2为成熟($D_{s,t}=2$)。生长期的长短($D_{s,t}=0\sim1$和$D_{s,t}=1\sim2$)由有效积温总和决定,有效积温总和被定义为日有效温度的函数[46]。当有效积温总和达到阈值温度时,出苗、开花和成熟。日有效温度T_e与日平均温度(T)的函数关系如图3.4所示,当$T_{\text{base}} \leqslant T \leqslant T_{\max,e}$时,日有效温度等于日平均温度减去基准温度($T_{\text{base}}$)。由于枣树在日平均气温高于10 ℃时开始发芽,因此基准温度为10 ℃。当日平均气温高于35.5 ℃(最高临界温度$T_{\max,e}$)时,日有效温度不会继续上升,而是固定为 25.5 ℃。

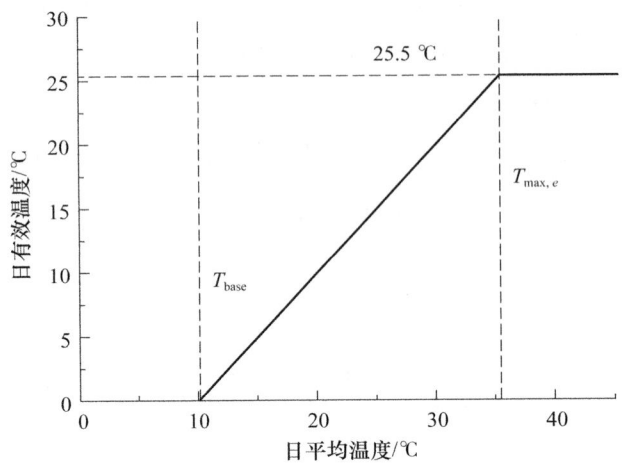

图 3.4　红枣日有效温度与日平均温度之间的关系

以下公式可用于计算日有效温度。

$$T_e = 0, \quad T \leqslant T_{base} \tag{3-5}$$

$$T_e = T - T_{base}, \quad T_{base} \leqslant T \leqslant T_{max,e} \tag{3-6}$$

$$T_e = T_{max,e} - T_{base}, \quad T \geqslant T_{max,e} \tag{3-7}$$

其中,T_e 为日有效温度;$T_{max,e}$ 为最高临界温度,如果温度超过该临界温度,则物候活动不会增加;T_{base} 为基准温度,如果温度低于该温度,物候活动将停止;T_e 为日平均温度。

每天的生长速度是每日有效温度与累积温度之和的比值。温度越高,生长速度越快,生长期越短。在研究中,可以通过公式(3-8)得出更灵活的发育率关系。

$$D_{r,t} = \frac{DT_s}{\sum T_i} \tag{3-8}$$

其中,$D_{r,t}$ 为时间步长 t 时的发育速率 d^{-1};DT_s 为温度相关修正系数℃,等于时间步长 t 时的有效温度总和,可根据公式(3-5)、公式(3-6)和公式(3-7)计算;$\sum T_i$ 是完成第 i 阶段所需的有效累积温度总和℃。在我们的研究中,根据 2015—2017 年的观测数据,出苗、出苗—开花和开花—成熟的有效温度总和分别为 230 ℃、967 ℃ 和 960 ℃。

时间步长 t 时的发育阶段等于发育速率在时间上的积分,可通过以下公式计算:

$$D_{s,t} = D_{s,t-1} + D_{r,t}\Delta t \tag{3-9}$$

其中,$D_{s,t}$ 为时间步长 t 时的发育阶段,Δt 为时间步长 d。

这样就可以得到 $D_{s,t}=0$ 与 $D_{s,t}=2$ 之间、$D_{s,t}=0$ 与 $D_{s,t}=1$ 之间、$D_{s,t}=1$ 与 $D_{s,t}=2$ 之间的生长期长度(t)。使用 2015—2017 年的观测数据(2016 年和 2017 年的数据用于校准,2015 年的数据用于验证)对红枣的发育阶段进行了校准和验证,其误差分别为:出苗期-1天,开花期+2天,成熟期+1天(见表3.1)。此外,2013年计算的枣树物候期长度分别为160天(DVS=0-2)和83天(DVS=1-2),2014年分别为164天(DVS=0-2)和78天(DVS=1-2)。

基于物候生长期长度和Landsat 8 NDVI的调整拟合方程可通过公式(3-10)实现。

$$y = \frac{l_y}{l_b} f(\text{NDVI}) \tag{3-10}$$

其中,y是平均产量,$f(\text{NDVI})$是基于产量和NDVI的拟合方程,l_b是建立模型当年的物候期长度,l_y是计划预测产量当年的物候期长度。

表3.1 红枣生长期长度($\text{DVS}=D_{s,t}$:发育阶段。AT:平均温度。)

年份	AT/℃ DVS 0-1	Days DVS 0-1	AT/℃ DVS 1-2	Days DVS 1-2	Days DVS 0-2
2015	22.6	78	22.4	76	154
2016	23.8	71	23.2	73	144
2017	23.9	71	21.2	85	156

(2) 建立并初步验证模型

针对最佳建模时间和VI,在不同生长期的VI(自变量)和红枣产量(因变量)之间建立相关关系。比较了线性模型、指数模型、幂模型和对数模型对拟合方程的准确性。测试了两种物候发育长度,包括DVS=0-2和DVS=1-2,发现它们对产量预测的准确性贡献更大。

(3) 进一步验证模型

根据提出的方法调整拟合方程,分别用于预测2013年、2014年、2016年和2017年10个生态区的红枣产量。利用判定系数(R2)量化实测产量与预测产量之间的一致性。由于红枣产量范围较广,因此使用归一化均方根误差(NRMSE,即RMSE与观测值平均值之比)和平均绝对误差(MAE)来评估预测精度。它们的计算公式如下:

$$R^2 = 1 - \frac{\sum\limits_{i=1}^{n}(y_i - \widetilde{y}_i)^2}{\sum\limits_{i=1}^{n}(y_i - \overline{y}_i)^2} \tag{3-11}$$

$$\text{RMSE} = \sqrt{\frac{\sum\limits_{i=1}^{n}(\widetilde{y}_i - y_i)^2}{n}} \tag{3-12}$$

$$\text{NRMSE} = \frac{\sqrt{\frac{\sum\limits_{i=1}^{n}(\widetilde{y}_i - y_i)^2}{n}}}{\overline{y}_i} \tag{3-13}$$

$$\mathrm{MAE} = \sum_{i=1}^{n} |y_i - \tilde{y}_i| \tag{3-14}$$

其中，$\tilde{y}_i$ 是基于拟合方程的预测产量，y_i 是观测产量，$\overline{y}_i$ 是观测产量的平均值，n 是观测数量。

3.3 结　　果

3.3.1 遥感图像处理结果

最佳空间分布作物类型图如图 3.5 所示。不同方法的分类精度见表 3.2。由于神经网络方法的准确率略高于其他方法，显示出最高的总体准确率(96.89%)和卡帕系数(0.957 3)，因此其他 Landsat 图像也采用该方法进行分类。

彩图 3.5

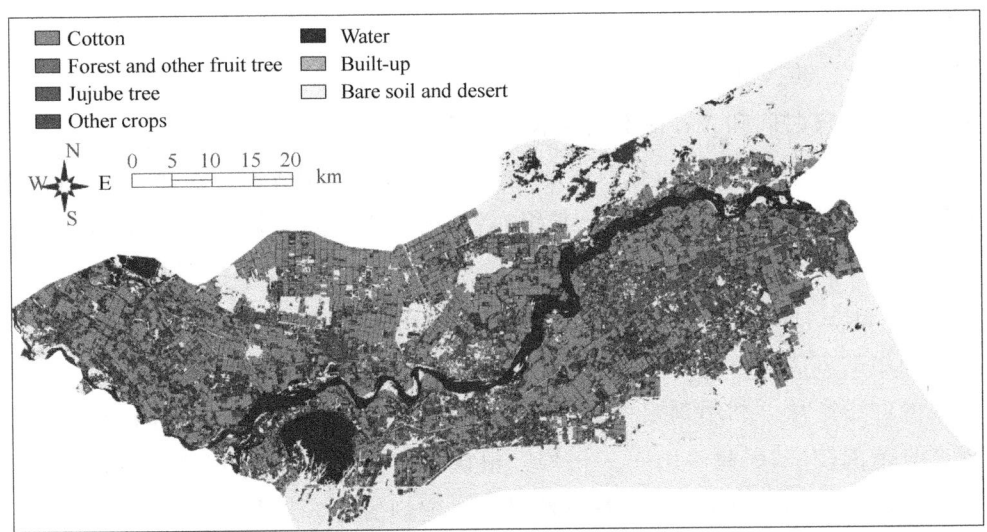

图 3.5　研究区域的土地利用和作物类型图

表 3.2　不同方法的分类精度

方法	总体准确率/%	卡帕系数	红枣产量精度
Mahalangbis Distance	91.59	0.8877	90.52
Maximum Likelihood	94.42	0.9257	93.07
Minimum Distance	65.14	0.5617	42.54
支持向量机	96.17	0.8807	88.07
神经网络	96.89	0.9573	93.18

图3.6～图3.9分别显示了研究区2013年、2014年、2016年和2017年红枣主要果实灌浆期的NDVI、SAVI、NDWI和EVI。值得注意的是，2014年8月20日的Landsat图像被视为第15个半月，因为与8月15日相比，只有5天的差异。除2014年之外，4个VI在8月份的平均值略低于7月份，与200个观测点的结果一致，主要原因是2014年的开花结束日期约为出苗后第85天（2014年7月19日之后）。由于树龄的增加，这些指数呈逐年上升趋势。除2013年8月1日的一幅图像之外，大多数像素的NDVI介于0.4～0.8之间，SAVI介于0.3～0.6之间，NDWI介于0.2～0.4之间，EVI介于0.3～0.5之间。

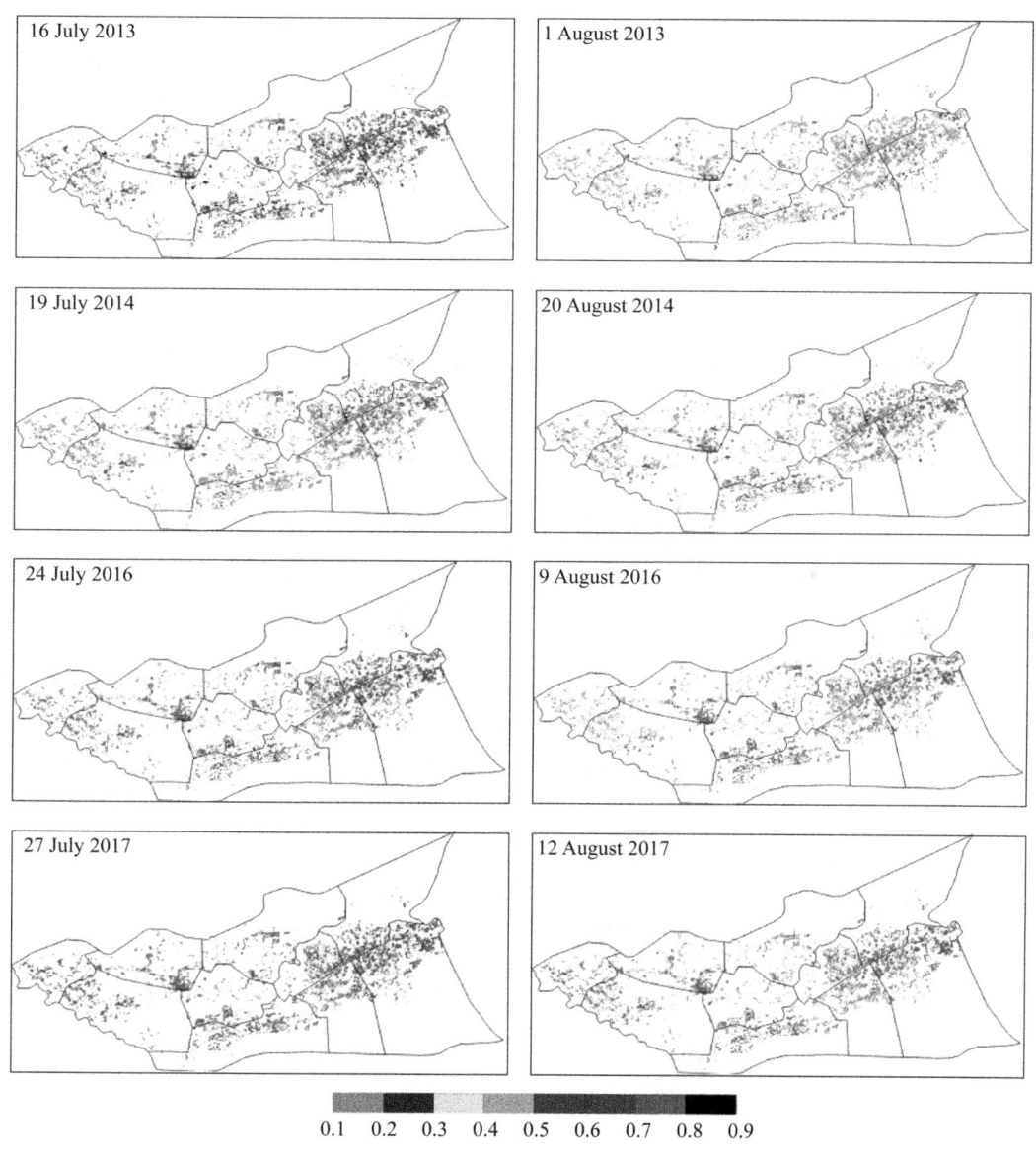

图3.6 研究区域主要果实灌浆期枣树Landsat NDVI的年际图

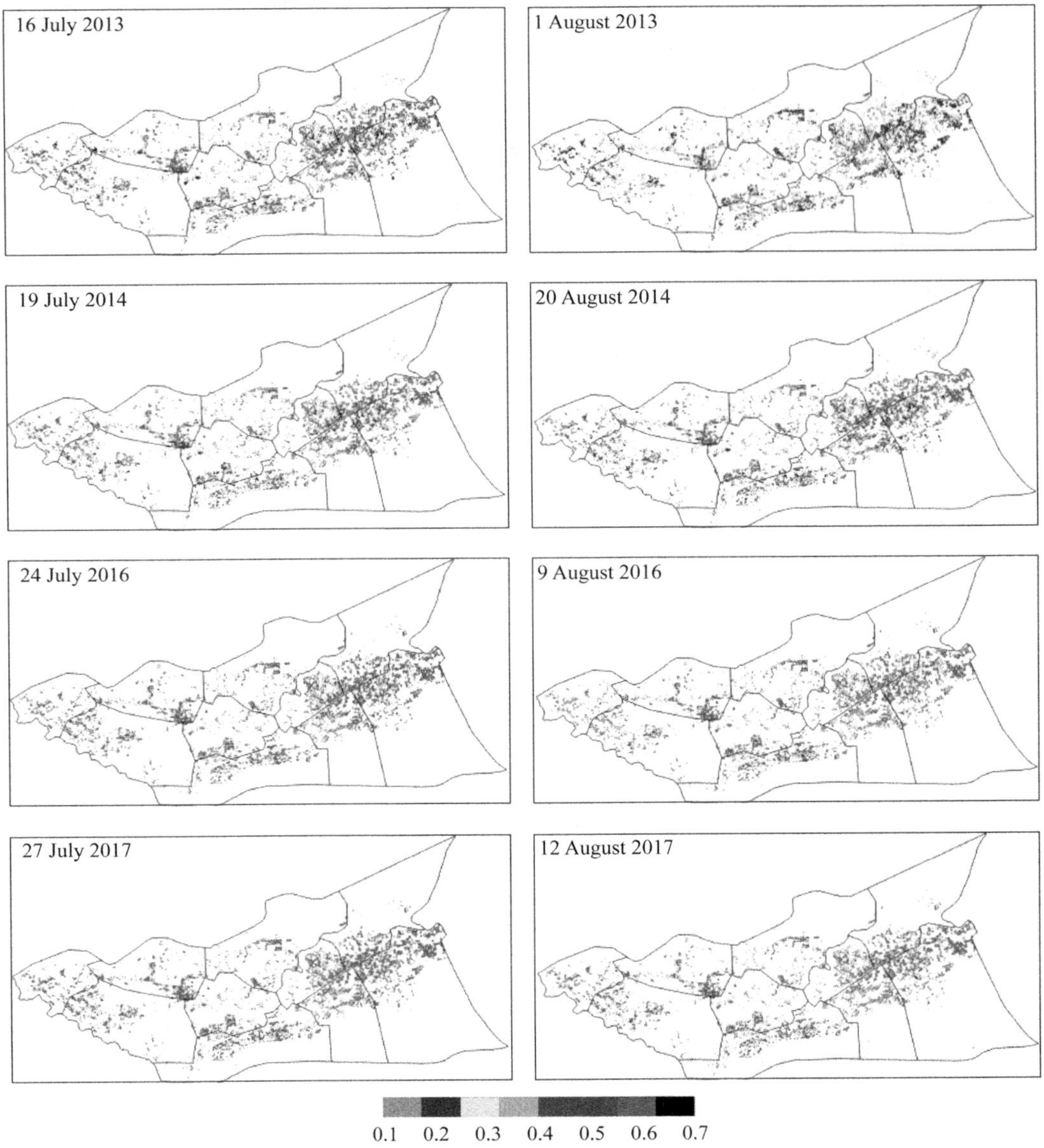

图 3.7　研究区域主要果实灌浆期的枣树 Landsat SAVI 年际图

彩图 3.6　　　　彩图 3.7

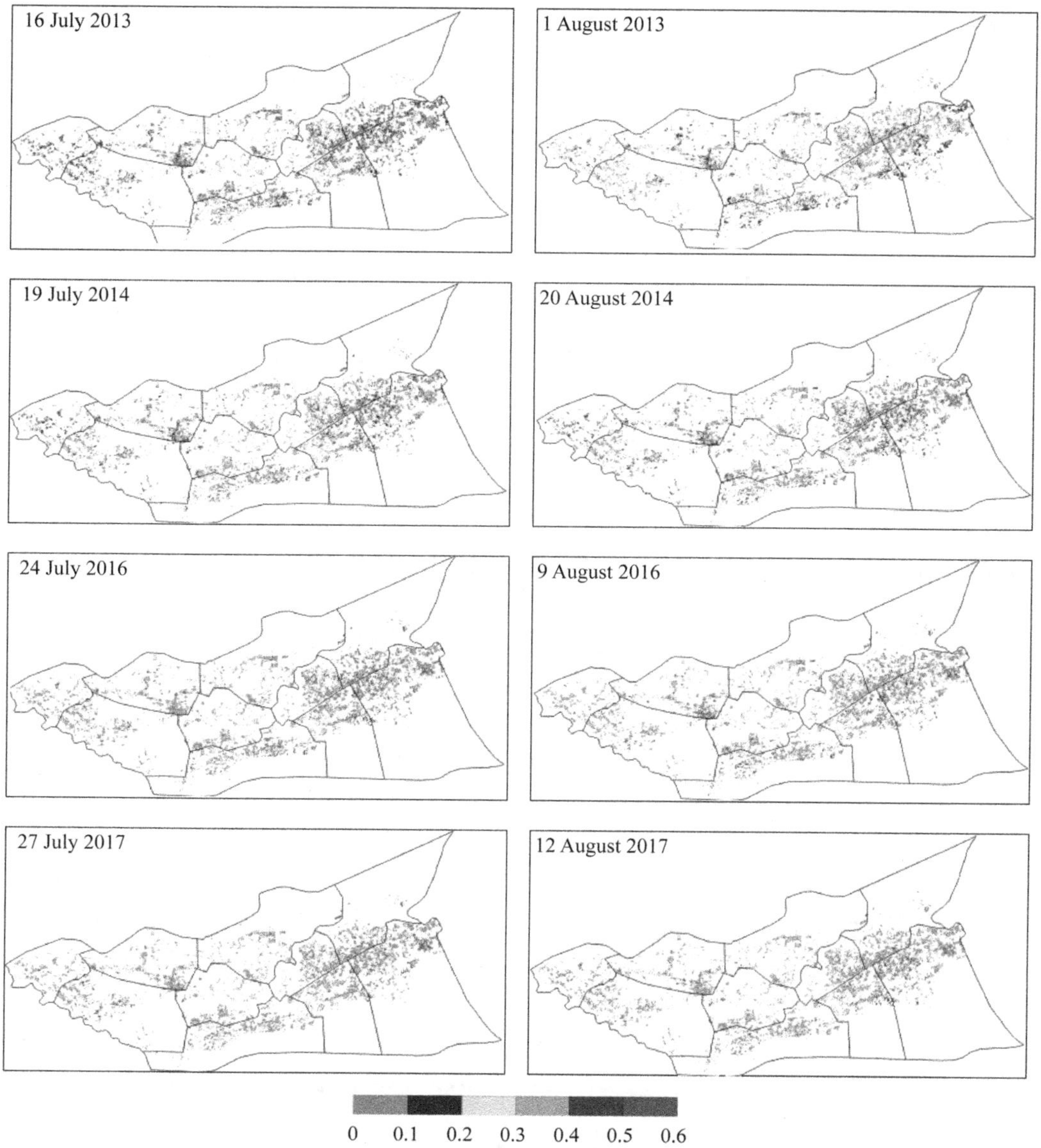

图 3.8　研究地区主要果实灌浆期的年际 jujube Landsat NDWI 年际图

彩图 3.8　　　　彩图 3.9

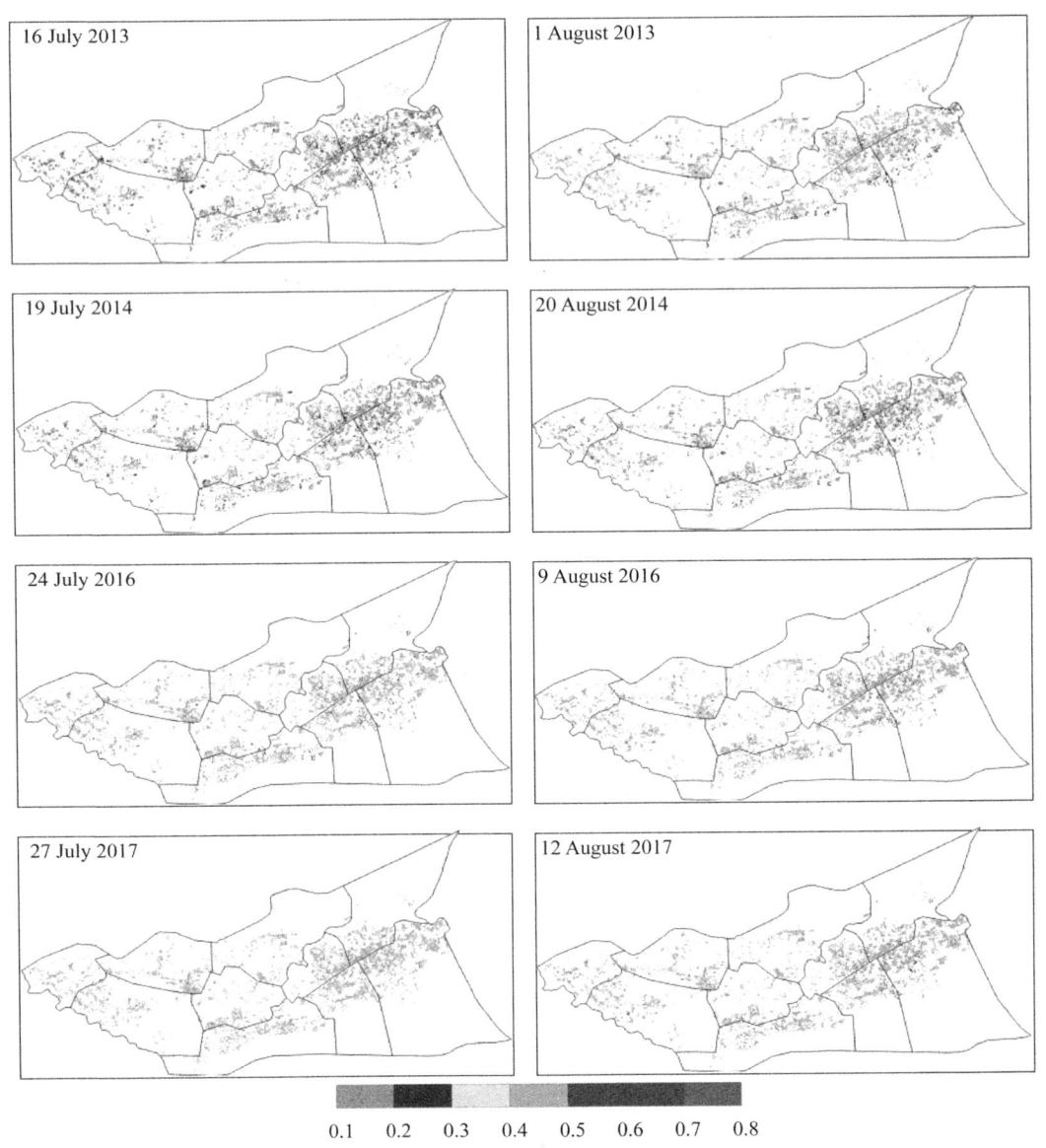

图 3.9 研究区域主要果实灌浆期的红枣 Landsat EVI 年际图

3.3.2 产量预测模型最佳时间的选择

2017 年生长期 200 个观测值中 4 个 Landsat VI 的变化趋势如图 3.10 所示,其数值总体上呈先上升后下降,最后略有上升的趋势,符合枣树的生长规律。枣树叶片的生长主要经历了 3 个时期。第一个生长期从出苗开始,到开花期停止,也是最大生长期。第二个生长期从花期结束时开始,也就是 6 月中下旬,到 7 月中旬果实生长加速时停止。第三个生长期发生在果实成熟之前,即 9 月中下旬。值得注意的是,在果实发育期(8 月初至 9

月中旬),随着叶片的老化,4 个 VI 会略有下降。因此,7 月 27 日的 Landsat 数据通常是最高的 NDVI、SAVI、NDWI 和 EVI,分别为 0.57~0.79、0.39~0.57、0.25~0.43 和 0.4~0.63,这与果实发育的早期阶段相吻合。

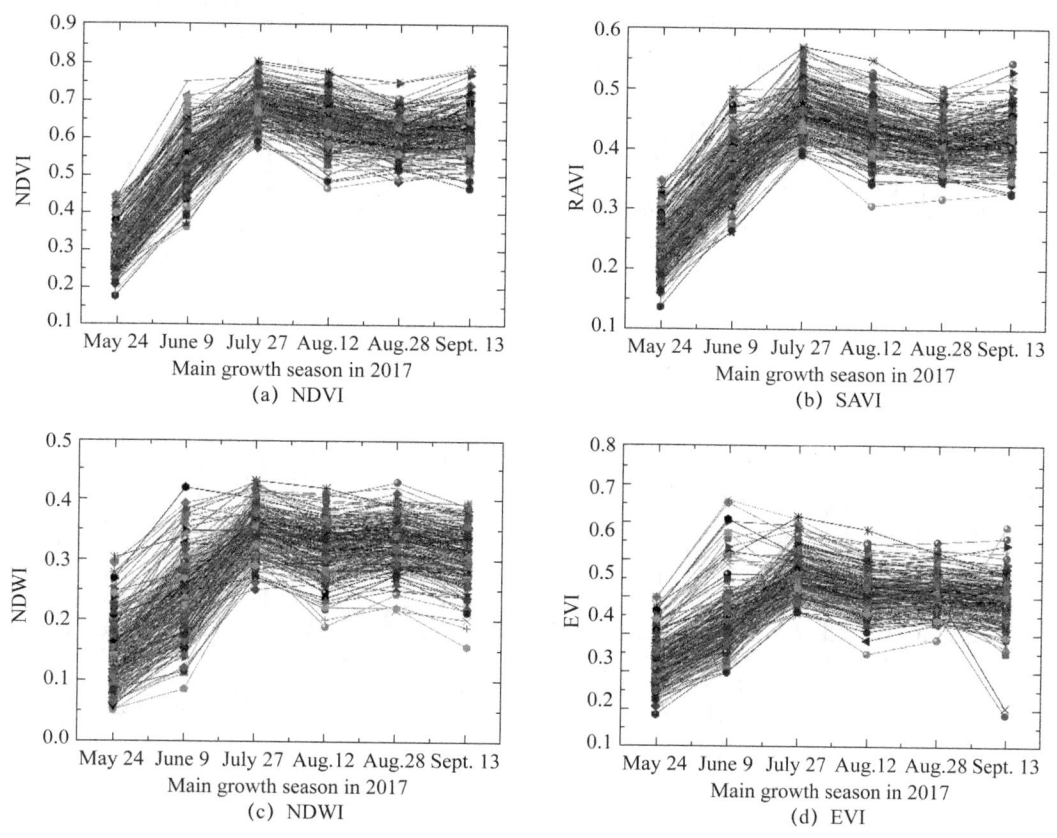

图 3.10　2017 年生长期 200 个观测值的 Landsat 8 VI 变化

图 3.11(a)~(d)分别显示了从 200 个观测值中获得的红枣凋落度与红枣产量之间多年平均相关系数(r)的变化情况。就单个 VI 而言,4 个 VI 与产量之间的相关性呈现相同的趋势,即开花期前(第 10 个半月和第 11 个半月)相关性较低,开花期至果实成熟期(第 14 个半月至第 17 个半月)相关性较高。在主要果实灌浆期(第 14 个半月和 15 个半月),r 达到峰值,其中 NDVI 的相关性最强($r=0.83$),其次是 SAVI($r=0.80$)、NDWI($r=0.70$)和 EVI($r=0.69$)。

彩图 3.10

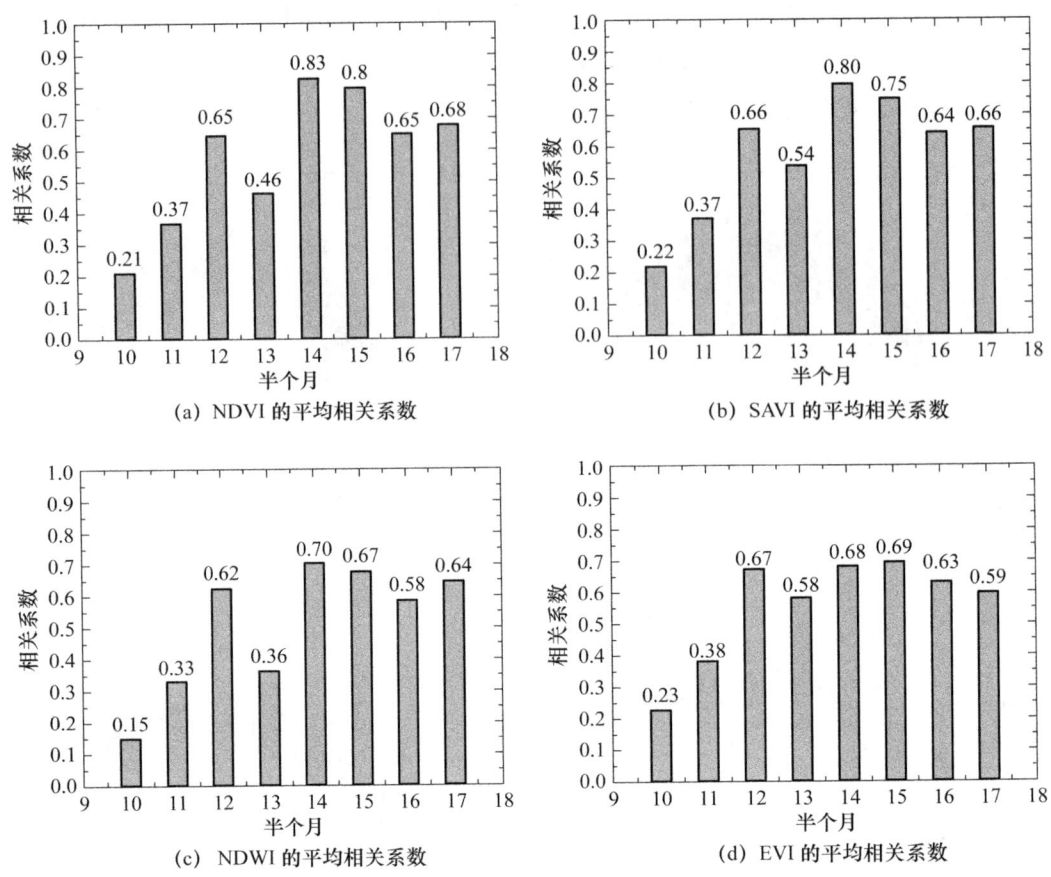

图 3.11 基于第 10 个半月(半个月)至第 17 个半月的 200 个观测值，
4 个 VI 与红枣产量的多年平均相关系数的变化

此外，本研究还分别比较了各指数最大值，6 月、7 月和 8 月的平均值，7 月和 8 月的平均值，第 14 个半月和 15 个半月的平均值与产量之间的相关性(见表 3.3)。第 14 个半月和 15 个半月的平均值表现良好，NDVI 的 r 最高值为 0.87，SAVI 为 0.82，NDWI 为 0.73，EVI 为 0.73。此外，与其他 VI 相比，NDVI 与产量的相关性更高。总之，主要果实灌浆期(第 14 个半月和第 15 个半月)被证明是预测红枣产量的较佳时间。第 14 个半月和 15 个半月的 NDVI 平均值可作为产量预测的最佳指标，其次是第 14 个半月和 15 个半月的 SAVI 平均值。

表 3.3　各指数的相关系数

行为	平均相关系数 r			
	NDVI	SAVI	NDWI	EVI
最大值	0.80	0.75	0.68	0.68
6月、7月和8月的平均值	0.82	0.78	0.71	0.73
7月和8月的平均值	0.81	0.79	0.68	0.68
第14个半月和第15个半月的平均值	0.87	0.82	0.73	0.73

3.3.3　产量预测模型

采用相关性较高的 NDVI 和 SAVI 分别建立模型。在 4 年的所有观测数据中，Landsat NDVI、SAVI 与红枣产量之间的关系分别用指数函数和线性函数描述得最好，相关性最强，精度最高。基于 2017 年 200 个观测值的拟合方程详见表 3.4。利用第 14 个半月和第 15 个半月的平均 VI 进行预测的准确率明显高于利用其他 VI 进行预测的准确率，其中，NDVI 的相关性最强（$R^2=0.761$），准确率最高（RMSE=0.752 t/hm^2，NRMSE=9.5%）；SAVI 的相关性最强（$R^2=0.645$），准确率最高（RMSE=0.916 t/hm^2，NRMSE=11.6%）。这也与 3.3.2 节中确定的最佳时间一致。因此，第 14 个半月和 15 个半月采集的 Landsat 图像的平均 NDVI 可被视为红枣产量预测的最佳候选值。

表 3.4　经校准的 NDVI 和 SAVI 产量预测模型

VI time（VI 时间）	Fitting equation（拟合方程）	R^2	RMSE/(t·hm^{-2})	NRMSE/%
第 14 个月	$y=0.667\,03 \times e^{3.593\,5 \times NDVI}$	0.686	0.862	10.9
第 15 个月	$y=1.117\,97 \times e^{3.050\,23 \times NDVI}$	0.669	0.885	11.2
最大值	$y=0.627\,46 \times e^{3.670\,02 \times NDVI}$	0.697	0.847	10.7
6月、7月和8月的平均值	$y=0.944\,4 \times e^{3.448\,39 \times NDVI}$	0.600	0.972	12.3
7月和8月的平均值	$y=0.744\,71 \times e^{3.673\,39 \times NDVI}$	0.700	0.843	10.7
第14个半月和第15个半月的平均值	$y=0.687\,07 \times e^{3.675\,87 \times NDVI}$	0.761	0.752	9.5
第 14 个月	$y=32.289 \times SAVI-7.097$	0.599	0.974	12.3
第 15 个月	$y=31.340 \times SAVI-5.536$	0.614	0.955	12.1
最大	$y=31.927 \times SAVI-6.960$	0.584	0.992	12.5
6月、7月和8月的平均值	$y=37.586 \times SAVI-7.780$	0.585	0.991	12.5
7月和8月的平均值	$y=35.265 \times SAVI-7.397$	0.603	0.969	12.2
第14个月和第15个半月的平均值	$y=33.820 \times SAVI-7.204$	0.645	0.916	11.6

3.3.4　200 个观测数据的模型验证

为了验证所提方法的红枣产量预测精度,图 3.12 显示了 2013 年、2014 年和 2016 年物候调整前后 200 个观测值的验证结果。对于 NDVI 和 SAVI,这些散点图清楚地表明,物候调整 2 模型(使用从开花到成熟的物候长度)比物候调整 1 模型(使用从出苗到成熟的物候长度)和不进行物候调整的模型具有更好的性能。

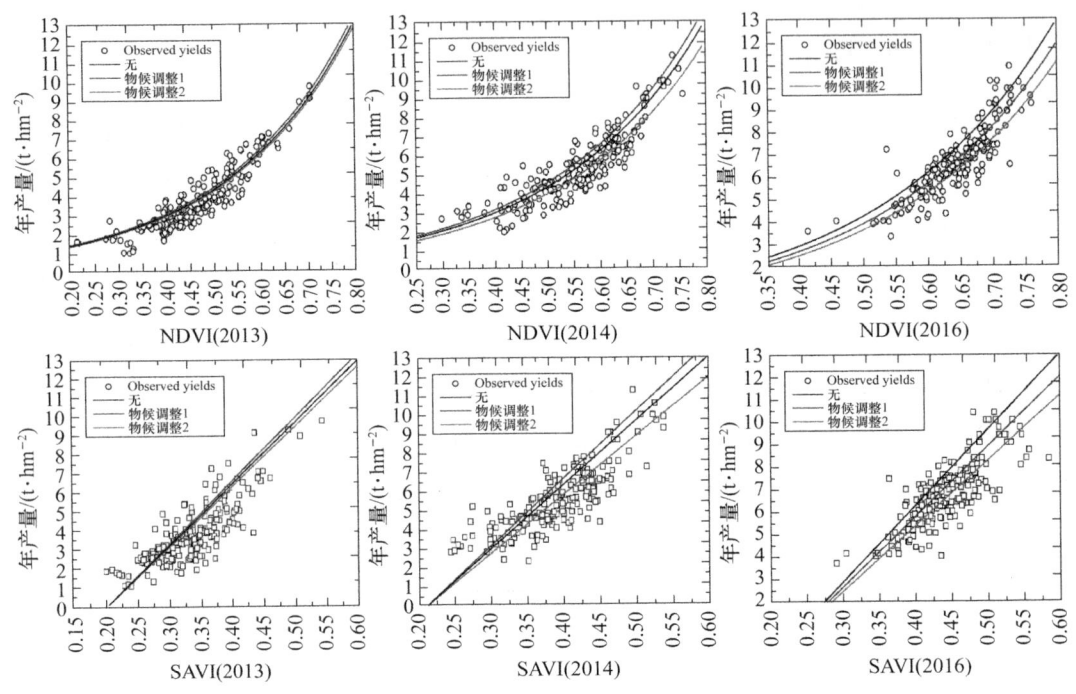

图 3.12　根据物候期长度调整模型的验证结果

物候调整 1:使用 DVS=0 和 DVS=2 之间的生长期长度来调整模型。物候调整 2:使用 DVS=1 和 DVS=2 之间的生长期长度来调整模型。DVS 0—2:从出苗到成熟。DVS 1—2:从开花到成熟。

彩图 3.12

基于 200 个观测数据的拟议模型的年际验证详情见表 3.5。对于 NDVI 和 SAVI,3 年的验证结果均表明,物候调整模型 2 的预测精度高于无物候调整模型。物候调整模型 1 仅在 2016 年的预测精度高于无物候调整模型,其他两年均低于无物候调整模型。这也表明,利用开花至成熟的物候长度调整的模型的稳定性要优于出苗至成熟的模型。与校正模型的结果一样(表 3.4),NDVI-产量模型的验证精度也明显高于 SAVI。此外,2013 年、2014 年和 2016 年基于 NDVI 的物候调整模型 2 的验证 R^2 分别比无物候调整模型提高了 0.01、0.01 和 0.13。在果实灌浆日差异较大的年份(2016年)之间,所提出的方法表现出更好的预测能力。随着总平均产量的逐年增加,预测误差也在减少,2013 年、2014 年和 2016 年的 NRMSE(均方根误差占平均产量的百分比)分别为 16.1%、14.2% 和 12.3%。可以认为 NDVI 是最合适的指数,物候调整模型 2 预测红枣产量的精度最高,2013 年、2014 年和 2016 年的最佳验证 $R^2=0.85$、0.80 和 0.67,验证 RMSE $=0.61$ t/hm²、0.78 t/hm² 和 0.85 t/hm²。

表 3.5 基于 200 个观测数据的拟议模型的年际验证详情

年份	指数	行为	方程	R^2	RMSE/(t·hm⁻²)	NRMSE/%
2013	NDVI	无物候调整	$y=0.68707\times e^{3.67587\times NDVI}$	0.84	0.63	16.7
	NDVI	物候调整 1	$y=\frac{160}{156}\times 0.68707\times e^{3.67587\times NDVI}$	0.82	0.67	17.7
	NDVI	物候调整 2	$y=\frac{83}{85}\times 0.68707\times e^{3.67587\times NDVI}$	0.85	0.61	16.1
	SAVI	无物候调整	$y=33.82\times SAVI-7.204$	0.50	1.10	29.2
	SAVI	物候调整 1	$y=\frac{160}{156}\times(33.82\times SAVI-7.204)$	0.44	1.17	30.9
	SAVI	物候调整 2	$y=\frac{83}{85}\times(33.82\times SAVI-7.204)$	0.55	1.06	27.8
2014	NDVI	无物候调整	$y=0.68707\times e^{3.67587\times NDVI}$	0.79	0.82	14.8
	NDVI	物候调整 1	$y=\frac{164}{156}\times 0.68707\times e^{3.67587\times NDVI}$	0.70	0.97	17.5
	NDVI	物候调整 2	$y=\frac{78}{85}\times 0.68707\times e^{3.67587\times NDVI}$	0.80	0.78	14.2
	SAVI	无物候调整	$y=33.82\times SAVI-7.204$	0.37	1.40	25.4
	SAVI	物候调整 1	$y=\frac{164}{156}\times(33.82\times SAVI-7.204)$	0.17	1.60	28.9
	SAVI	物候调整 2	$y=\frac{78}{85}\times(33.82\times SAVI-7.204)$	0.54	1.20	21.7
2016	NDVI	无物候调整	$y=0.68707\times e^{3.67587\times NDVI}$	0.54	1.00	14.7
	NDVI	物候调整 1	$y=\frac{144}{156}\times 0.68707\times e^{3.67587\times NDVI}$	0.74	0.75	10.9
	NDVI	物候调整 2	$y=\frac{73}{85}\times 0.68707\times e^{3.67587\times NDVI}$	0.67	0.85	12.3
	SAVI	无物候调整	$y=33.82\times SAVI-7.204$	0.29	1.25	18.2
	SAVI	物候调整 1	$y=\frac{144}{156}\times(33.82\times SAVI-7.204)$	0.64	0.89	13.0
	SAVI	物候调整 2	$y=\frac{73}{85}\times(33.82\times SAVI-7.204)$	0.68	0.84	12.3

3.3.5 区域范围的模型评估

为进一步验证所提出的模型的能力,我们使用了研究区域(10个生态区)2013年、2014年、2016年和2017年的官方统计平均红枣产量数据。由于2015年我们的研究区域没有有效的8月影像数据,因此2015年的数据未用于验证。不同生态区域第14个半月和15个半月的平均红枣NDVI在2013年为0.473~0.515,2014年为0.535~0.6,2016年为0.59~0.63,2017年为0.61~0.65(图3.6),呈逐年上升趋势。红枣预测产量与实际产量的统计结果见表3.6。总体而言,2013年、2014年、2016年和2017年所有农业气候区的预测产量与实际产量的百分比差异分别为2.7%、−4.5%、−2.8%和−3.1%,吻合度(R^2)分别为0.47、0.53、0.38和0.48,显示出良好的全局预测精度。除2013年的预测差值为负值之外,其他年份的实际产量均被略微低估。预测误差(RMSE)介于0.31~0.47 t/hm² 之间(百分比介于4.2%~8.8%之间),呈逐年减小的趋势。此外,MAE的变化趋势与RMSE一致,但略低,从3.8%到7.5%。对于每个生态区域,除14号(14.8%)之外,2013年的预测百分比差异在12%以内;除13号(15.6%)之外,2014年的预测百分比差异在10%以内;除16号(11.9%)之外,2016年的预测百分比差异在9%以内;2017年的预测百分比差异在7%以内。结果表明,随着树龄的逐年增加,预测差异也在减小。尤其是2017年,该模型在大多数生态区域显示出较低的差异(6.9%以内)。总体而言,在仅使用两幅Landsat 8卫星图像的情况下,所提出的方法在每个给定年份的区域尺度上都表现出良好的预测性能。

表3.6 阿拉尔市所有农业气候区红枣预测产量与实际产量的比较

年份	区域	Predictede	Actual	Diff./(t·hm⁻²)	Diff./%	R^2	RMSE/(t·hm⁻²)	MAE/%/(t·hm⁻²)
2013	所有生态区	3.97	3.866	0.104	2.7	0.47	0.32(8.4)	0.29(7.4)
	#7	3.841	3.578	0.263	7.4			
	#8	4.178	4.091	0.087	2.1			
	#94	4.455	4.82	0.365	−7.6			
	#10	3.88	4.389	0.509	−11.6			
	#11	3.965	3.812	0.153	4			
	#12	3.849	3.56	0.289	8.1			
	#13	3.995	4.025	0.03	−0.7			
	#14	3.818	3.326	0.492	14.8			
	#15	3.883	3.626	0.257	7.1			
	#16	3.839	3.431	0.408	11.9			

续 表

年份	区域	Predictede	Actual	Diff. / (t·hm^{-2})	Diff. /%	R^2	RMSE/ (t·hm^{-2})	MAE/%/ (t·hm^{-2})
2014	所有生态区	5.137	5.381	0.244	−4.5	0.53	0.47(8.8)	0.40(7.5)
	#7	4.891	5.204	0.313	−6			
	#8	5.721	5.803	0.082	−1.4			
	#94	5.879	6.517	0.638	−9.8			
	#10	5.007	4.615	0.392	8.5			
	#11	4.717	4.607	0.11	2.4			
	#12	4.512	4.23	0.282	6.7			
	#13	5.247	6.215	0.968	−15.6			
	#14	5.106	5.518	0.412	−7.5			
	#15	4.905	5.166	0.261	−5.0			
	#16	5.383	5.933	−0.550	−9.3			
2016	所有生态区	5.786	5.949	−0.163	−2.8	0.38	0.41(6.8)	0.38(6.3)
	#7	5.52	5.905	0.385	−6.5			
	#8	6.016	6.586	0.57	−8.7			
	#94	5.878	5.606	0.272	4.9			
	#10	6.025	6.462	0.437	−6.8			
	#11	5.683	6	−0.317	−5.3			
	#12	5.966	5.779	0.187	3.2			
	#13	6.005	6.359	0.354	−5.6			
	#14	5.981	6.504	0.523	−8			
	#15	5.178	5.286	0.108	−2			
	#16	5.604	5.009	0.595	11.9			
2017	所有生态区	7.244	7.479	0.235	−3.1	0.48	0.31(4.2)	0.28(3.8)
	#7	7.438	7.826	0.388	−5			
	#8	7.464	7.69	0.226	−2.9			
	#94	6.515	6.438	0.077	1.2			
	#10	7.267	7.632	0.365	−4.8			
	#11	7.378	7.217	0.161	2.2			
	#12	7.038	7.387	0.349	−4.7			
	#13	7.136	7.356	0.22	−3			
	#14	7.394	7.941	−0.547	−6.9			
	#15	6.899	7.284	−0.385	−5.3			
	#16	7.917	8.014	0.097	−1.2			

注：括号中的数字为 RMSE 和 MAE 占平均实产量的百分比。

根据所提出的NDVI-产量模型,研究区2013年、2014年、2016年和2017年红枣产量分布图见图3.13。预测的平均产量逐年增加,与实际产量呈现出相同的年际变化（3.866~7.479 t/hm²）。例如,在图3.13的右侧部分,2013年的红枣产量低了一个数量级（≤5 t/hm²）。但在2017年,研究区右侧部分的产量较高（≥7 t/hm²）,这可能是因为枣树的产量随着树龄的增加而急剧上升。图3.13还显示,不同生态区的年空间变化较小。

彩图3.13

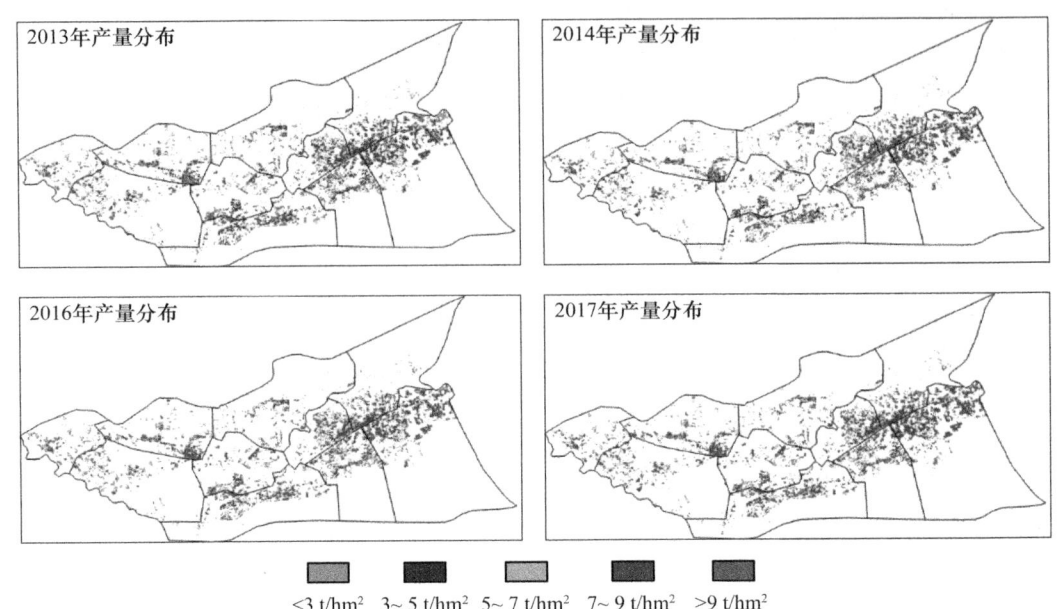

图3.13 不同年份枣树产量分布图

3.4 讨 论

本研究发现,主要果实灌浆期的NDVI在所有研究地点都与红枣产量显著相关。与许多研究[8,49-52]一致,本研究也证明了开花期和果实灌浆期的NDVI与作物产量之间存在高度相关性,而这一时期被认为是大多数作物产量预测的关键时期。此外,作物最绿的时期（最大NDVI）也可以用来预测作物产量[53-54],这通常是在果实灌浆期。此外,本研究结果表明,与使用单一或最大NDVI相比,在主要果实灌浆期（第14个半月和第15个半月）使用平均NDVI预测红枣产量的准确性更高,这与之前研究中发现的平均NDVI与作物产量之间有更高的相关性一致。Sun等[17]指出,最大植被指数和季节累积植被指数与葡萄产量的相关性略低于平均植被指数。Mkhabela等[8]发现,使用4个10年的平均归一化差异植被指数而不是单一的10年平均归一化差异植被指数建立的回归模型对玉米产量有更好的预测能力。Hochheim 等[55]也发现,3 周的平均 NDVI 提高了判定系数(R^2)并稳定了春小麦预测模型。Tariqul Islam 等[56]发现,使用 Landsat-NDVI 平均值可获得最大的马铃薯产量预测 R^2 值。然而,由于作物品种和生长环境的不同,植被指数的平均值、最大值和累积值的预测精度可能会略有不同。

2016 年生长季的平均气温明显高于 2017 年(图 3.14)。较高的平均气温通常会导致生长期缩短和产量降低[38]。实际观测结果显示,2016 年红枣生长期长度明显低于 2017 年,尤其是在果实灌浆期(偏差 12 天,表 3.1)。这一差异也导致了 2016 年(6.0 t/hm²)与 2017 年(7.5 t/hm²)之间实际平均产量的差异。因此,作物物候发展长度应有利于作物产量预测。Hochheim 等[55]发现,各农业普查区(CARs)作物物候的年际差异通常为 2~3 周,因此在整合历时数据时需要加以考虑。本研究的结果证实,拟议的物候调整模型显著提高了 2016 年的预测精度,其判定系数($R^2=0.67$)高于未使用物候调整的模型($R^2=0.54$)。

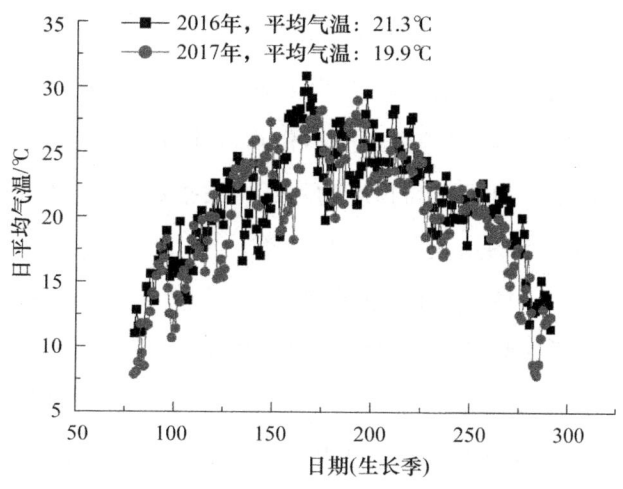

图 3.14　2016 年和 2017 年生长原因的日平均气温

以前的研究通常采用留空一年的方法(使用 3 年的数据来建立模型,并使用 1 年的数据来验证模型)来检验所建立的作物产量预测模型的性能[4,8]。根据 200 次观测结果,表 3.7 列出了本研究提出的方法与留空一年法在红枣产量预测方面的比较。在 2013 年和 2014 年,提出的方法与留空一年法相比,性能几乎相同。然而,在 2016 年和 2017 年,所提方法的准确性明显高于留空一年法,2016 年的决定系数($R^2=0.67$)更高,误差百分比(NRMSE=12.3%)更低;2017 年的决定系数(R^2)=0.76,误差百分比(NRMSE)=9.5%。主要原因可能是 2016 年开花到成熟的物候期长度比 2017 年少 12 天。然而,仅使用第 14 个半月和第 15 个半月平均值的留空一年法可能会导致产量被高估。这也表明,当果实灌浆天数相差很大时,所提出的模型在不同年份之间的表现可能会比留空一年法更好。

表 3.7 本研究提出的方法与留空一年的方法的对比

年份	指数	方法	方程	R^2	RMSE/%/(t·hm^{-2})
2013	NDVI	leave-one-year-out	$y=0.6372\times e^{3.7224\times NDVI}$	0.86	0.60(15.8)
	NDVI	Adjustment DVS=1-2	$y=\frac{83}{85}\times 0.68707\times e^{3.67587\times NDVI}$	0.85	0.61(16.1)
2014	NDVI	leave-one-year-out	$y=0.60345\times e^{3.80858\times NDVI}$	0.79	0.79(14.7)
	NDVI	Adjustment DVS=1-2	$y=\frac{78}{85}\times 0.68707\times e^{3.67587\times NDVI}$	0.80	0.78(14.2)
2016	NDVI	leave-one-year-out	$y=0.58681\times e^{3.89026\times NDVI}$	0.60	0.93(14.2)
	NDVI	Adjustment DVS=1-2	$y=\frac{73}{85}\times 0.68707\times e^{3.67587\times NDVI}$	0.67	0.85(12.3)
2017	NDVI	leave-one-year-out	$y=0.6719\times e^{3.59694\times NDVI}$	0.61	0.95(12.0)
	NDVI	Established model	$y=0.68707\times e^{3.67587\times NDVI}$	0.76	0.75(9.5)

注:括号中的数字是 RMSE 占平均实际产量(NRMSE)的百分比

MODIS 数据更适用于大区域尺度的作物产量预测。然而,MODIS 反射率数据中较粗的像素通常会导致较高的尺度误差[47]。大多数像素通常代表农作物的混合物。因此,在许多地区,根据卫星获取的物候信息来分离作物可能具有挑战性[48]。相反,Landsat 或其他空间分辨率更高的卫星可提供高精度的片断植被指数,用于区域尺度的产量预测[4],该指数已成功用于果树作物的产量预测。Sun 等[17]利用 TM 卫星的累积 NDVI 预测葡萄产量,相对误差为 10%～18%,相关系数为 0.62～0.77。Anastasiou 等[18]建立了 TM 卫星衍生的 GNDVI 与鲜食葡萄产量之间的回归模型,结果表明两者之间的决定系数为 0.33,均方根误差为 5 382 kg/hm^2。此外,Rahman 等[19]基于 3 个果园,两个生长季的所有采样树木,挖掘了 WorldView-3 图像预测芒果产量的潜力,结果显示两者之间存在很强的相关性($R^2=0.70$)。在这项研究中,从 Landsat 8 导出的 NDVI 也被证实与枣果产量有很好的相关性,2013 年、2014 年、2016 年和 2017 年的 R^2 分别为 0.47、0.53、0.38 和 0.48,所有生态区域的预测误差百分比从 4.2% 到 8.8% 不等。因此,中高分辨率遥感图像具有在区域尺度上预测果树作物产量的潜力。此外,所提出的方法在区域尺度上比在田间尺度上有着更高的精度,对所有生态区的预测误差百分比为 4.2%～8.8%,对 200 个枣园(观测点)的预测误差百分比为 12.3%～16.1%。值得注意的是,本研究选取的每个观测点在陆地卫星图像中都超过 60 个像素。如果将该方法用于预测单个面积较小果园的产量,那么由于像素混杂,预测精度可能会降低。因此,建议将所提出的方法用于区域范围的红枣产量预测。对于单个枣园的产量预测,可能更适合使用空间分辨率更高的遥感卫星或航空数据集。

虽然单颗大地遥感卫星的重访周期相对较长(为 16 天),但目前 Landsat 7 和

Landsat 8 的数据均可获得,根据云层覆盖情况,每 8 天可在一个地点收集一次数据。Tariqul Islam 等[56]成功地利用 Landsat 5、Landsat 7 和 Landsat 8 的数据建立了用于马铃薯产量预测的 NDVI 时间序列,相关系数明显较高($R^2=0.81$)。在我们的研究区域,基于 Landsat 7 和 Landsat 8 卫星构建时间序列 NDVI 来预测红枣产量也是可行的,但需要经过进一步研究来确定。此外,Landsat 和 MODIS 数据的结合已被证明可提高作物产量预测的准确性,如玉米和大豆[4]、冬小麦[47]和玉米[57]。通常,研究区域的分类是利用 Landsat 图像进行的。在大面积红枣产量预测方面,基于所提出的物候调整模型,如何将 Landsat 和 MODIS 数据的时间序列结合起来是值得探索的。可以利用基于 Landsat 数据生成 30 m 分辨率土地利用和作物类型图来确定每幅 MODIS 图像中红枣面积的占比,从而实现对红枣产量的大尺度监测。

请注意,本研究假设作物生长的物候期长度仅受温度影响。在研究某些特定物种或栽培品种时,必要时可考虑昼长和其他因素的影响[44]。此外,不同类型作物的物候期长度往往不同,而物候期长度是由日平均温度和有效积温总和计算得出的,包括 TSUM1(从出苗到开花的温度总和)和 TSUM2(从开花到成熟的温度总和)[38]。WOFOST 模型软件提供了一些主要作物的 TSUM1 和 TSUM2 值[58]。不过,作物生长所需的积温会因物种和种植地区的不同而有很大差异,物候期的长短需要通过实验来验证。

3.5 结　　论

本研究结果表明,主要果实灌浆期是预测红枣产量的最佳时期,相关系数高于 0.8。与 SAVI、NDWI 和 EVI 相比,NDVI 与红枣产量的相关性最好。第 14 个半月和第 15 个半月的平均 NDVI 被证实非常适合用于产量预测,此时 R^2 最高。此外,Landsat-NDVI 与红枣产量之间的关系可以用指数函数很好地描述。更重要的是,通过将物候期长度作为关键参数,Landsat-NDVI 产量预测模型得到了有效优化,凸显了将高空间分辨率 Landsat 8 图像与物候期信息相结合用于红枣及其他作物产量预测的能力。在果实灌浆天数相差较大的年份间,所提出的模型在红枣产量预测方面的表现也优于留空一年的方法。

参 考 文 献

[1]　LI J W, FAN L P, DING S D, et al. Nutritional composition of five cultivars of Chinese jujube[J]. Food Chemistry, 2007, 103(2): 454-460.

[2] GAO Q H, WU C S, WANG M. The jujube (ziziphus jujuba mill.) fruit: a review of current knowledge of fruit composition and health benefits[J]. Journal of Agricultural and Food Chemistry, 2013, 61(14): 3351-3363.

[3] LAM C T W, CHAN P H, LEE P S C, et al. Chemical and biological assessment of Jujube (Ziziphus jujuba)-containing herbal decoctions: induction of erythropoietin expression in cultures[J]. Journal of Chromatography B, 2016, 1026: 254-262.

[4] BOLTON D K, FRIEDL M A. Forecasting crop yield using remotely sensed vegetation indices and crop phenology metrics[J]. Agricultural and Forest Meteorology, 2013, 173: 74-84.

[5] FUNK C, BUDDE M E. Phenologically-tuned MODIS NDVI-based production anomaly estimates for Zimbabwe[J]. Remote Sensing of Environment, 2009, 113(1): 115-125.

[6] PANDA S S, AMES D P, PANIGRAHI S. Application of vegetation indices for agricultural crop yield prediction using neural network techniques[J]. Remote Sensing, 2010, 2(3): 673-696.

[7] DEMPEWOLF J, ADUSEI B, BECKER-RESHEF I, et al. Wheat yield forecasting for punjab province from vegetation index time series and historic crop statistics[J]. Remote Sensing, 2014, 6(10): 9653-9675.

[8] MKHABELA M S, BULLOCK P, RAJ S, et al. Crop yield forecasting on the Canadian Prairies using MODIS NDVI data[J]. Agricultural and Forest Meteorology, 2011, 151(3): 385-393.

[9] DE LA CASA A, OVANDO G, BRESSANINI L, et al. Soybean crop coverage estimation from NDVI images with different spatial resolution to evaluate yield variability in a plot[J]. ISPRS Journal of Photogrammetry and Remote Sensing, 2018, 146: 531-547.

[10] YU B, SHANG S H. Multi-year mapping of major crop yields in an irrigation district from high spatial and temporal resolution vegetation index[J]. Sensors, 2018, 18(11): 3787.

[11] DUCHEMIN B, MAISONGRANDE P, BOULET G, et al. A simple algorithm for yield estimates: evaluation for semi-arid irrigated winter wheat monitored with green leaf area index[J]. Environmental Modelling & Software, 2008, 23(7): 876-892.

[12] SON N T, CHEN C F, CHEN C R, et al. A comparative analysis of multitemporal MODIS EVI and NDVI data for large-scale rice yield estimation [J]. Agricultural and Forest Meteorology, 2014, 197: 52-64.

[13] KOUADIO L, NEWLANDS N, DAVIDSON A, et al. Assessing the performance of MODIS NDVI and EVI for seasonal crop yield forecasting at the ecodistrict scale[J]. Remote Sensing, 2014, 6(10): 10193-10214.

[14] REN J Q, CHEN Z X, ZHOU Q B, et al. Regional yield estimation for winter wheat with MODIS-NDVI data in Shandong, China[J]. International Journal of Applied Earth Observation and Geoinformation, 2008, 10(4): 403-413.

[15] DE CASTRO VICTORIA D, DA PAZ A R, COUTINHO A C, et al. Cropland area estimates using Modis NDVI time series in the state of Mato Grosso, Brazil [J]. Pesquisa Agropecuária Brasileira, 2012, 47(9): 1270-1278.

[16] BECKER-RESHEF I, VERMOTE E, LINDEMAN M, et al. A generalized regression-based model for forecasting winter wheat yields in Kansas and Ukraine using MODIS data [J]. Remote Sensing of Environment, 2010, 114(6): 1312-1323.

[17] SUN L, GAO F, ANDERSON M, et al. Daily mapping of 30 m LAI and NDVI for grape yield prediction in California vineyards[J]. Remote Sensing, 2017, 9(4): 317.

[18] ANASTASIOU E, BALAFOUTIS A, DARRA N, et al. Satellite and proximal sensing to estimate the yield and quality of table grapes[J]. Agriculture, 2018, 8(7): 94.

[19] RAHMAN M M, ROBSON A, BRISTOW M. Exploring the potential of high resolution WorldView-3 imagery for estimating yield of mango [J]. Remote Sensing, 2018, 10(12): 1866.

[20] SEPULCRECANTO G, ZARCOTEJADA P, JIMENEZMUNOZ J, et al. Monitoring yield and fruit quality parameters in open-canopy tree crops under water stress. Implications for ASTER[J]. Remote Sensing of Environment, 2007, 107(3): 455-470.

[21] BONILLA I, MARTINEZ DE TODA F, MARTÍNEZ-CASASNOVAS J A. Vine vigor, yield and grape quality assessment by airborne remote sensing over three years: analysis of unexpected relationships in cv. Tempranillo[J]. Spanish

Journal of Agricultural Research, 2015, 13(2): e0903.

[22] YE X J, SAKAI K S, GARCIANO L O, et al. Estimation of citrus yield from airborne hyperspectral images using a neural network model[J]. Ecological Modelling, 2006, 198(3/4): 426-432.

[23] YE X J, SAKAI K S, ASADA S I, et al. Application of narrow-band TBVI in estimating fruit yield in citrus[J]. Biosystems Engineering, 2008, 99(2): 179-189.

[24] YE X J, SAKAI K S, SASAO A, et al. Potential of airborne hyperspectral imagery to estimate fruit yield in citrus[J]. Chemometrics and Intelligent Laboratory Systems, 2008, 90(2): 132-144.

[25] RUDORFF B F T, BATISTA G T. Wheat yield estimation at the farm level using TM Landsat and agrometeorological data[J]. International Journal of Remote Sensing, 1991, 12(12): 2477-2484.

[26] HAMAR D, FERENCZ C, LICHTENBERGER J, et al. Yield estimation for corn and wheat in the Hungarian Great Plain using Landsat MSS data[J]. International Journal of Remote Sensing, 1996, 17(9): 1689-1699.

[27] THENKABAIL P S. Biophysical and yield information for precision farming from near-real-time and historical Landsat TM images[J]. International Journal of Remote Sensing, 2003, 24(14): 2879-2904.

[28] LIU L Y, WANG J H, BAO Y S, et al. Predicting winter wheat condition, grain yield and protein content using multi-temporal EnviSat-ASAR and Landsat TM satellite images[J]. International Journal of Remote Sensing, 2006, 27(4): 737-753.

[29] BRIAN MCCONKEY P B, LAFOND G P, MOULIN A L, et al. Optimal time for remote sensing to relate to crop grain yield on the Canadian prairies[J]. Canadian Journal of Plant Science, 2004, 84(1): 97-103.

[30] SALAZAR L, KOGAN F, ROYTMAN L. Use of remote sensing data for estimation of winter wheat yield in the United States[J]. International Journal of Remote Sensing, 2007, 28(17): 3795-3811.

[31] BOGNÁR P, KERN A, PÁSZTOR S, et al. Yield estimation and forecasting for winter wheat in Hungary using time series of MODIS data[J]. International Journal of Remote Sensing, 2017, 38(11): 3394-3414.

[32] WALL L, LAROCQUE D, LÉGER P M. The early explanatory power of NDVI in crop yield modelling[J]. International Journal of Remote Sensing, 2008, 29(8): 2211-2225.

[33] ROJAS O. Operational maize yield model development and validation based on remote sensing and agro-meteorological data in Kenya[J]. International Journal of Remote Sensing, 2007, 28(17): 3775-3793.

[34] REYNOLDS C A, YITAYEW M, SLACK D C, et al. Estimating crop yields and production by integrating the FAO Crop Specific Water Balance model with real-time satellite data and ground-based ancillary data[J]. International Journal of Remote Sensing, 2000, 21(18): 3487-3508.

[35] PRASAD A K, CHAI L, SINGH R P, et al. Crop yield estimation model for Iowa using remote sensing and surface parameters[J]. International Journal of Applied Earth Observation and Geoinformation, 2006, 8(1): 26-33.

[36] WANG M, TAO F L, SHI W J. Corn yield forecasting in Northeast China using remotely sensed spectral indices and crop phenology metrics[J]. Journal of Integrative Agriculture, 2014, 13(7): 1538-1545.

[37] SAKAMOTO T, GITELSON A A, ARKEBAUER T J. MODIS-based corn grain yield estimation model incorporating crop phenology information[J]. Remote Sensing of Environment, 2013, 131: 215-231.

[38] DE WIT A, WOLF J. Calibration of WOFOST crop growth simulation model for use within CGMS[J]. 2010, 1-38.

[39] PETTORELLI N. Vegetation indices[M]. The Normalized Difference Vegetation Index. Oxford: Oxford University Press, 2013: 18-29.

[40] HUETE A R. A soil-adjusted vegetation index (SAVI)[J]. Remote Sensing of Environment, 1988, 25(3): 295-309.

[41] GAO B C. NDWI—a normalized difference water index for remote sensing of vegetation liquid water from space[J]. Remote Sensing of Environment, 1996, 58(3): 257-266.

[42] WARDLOW B D, EGBERT S L, KASTENS J H. Analysis of time-series MODIS 250m vegetation index data for crop classification in the U. S. Central Great Plains[J]. Remote Sensing of Environment, 2007, 108(3): 290-310.

[43] MKHABELA M S, MKHABELA M S, MASHININI N N. Early maize yield

forecasting in the four agro-ecological regions of Swaziland using NDVI data derived from NOAA's-AVHRR[J]. Agricultural and Forest Meteorology, 2005, 129(1/2): 1-9.

[44] HOLZAPFEL C B, LAFOND G P, BRANDT S A, et al. Estimating canola (Brassica napus L.) yield potential using an active optical sensor[J]. Canadian Journal of Plant Science, 2009, 89(6): 1149-1160.

[45] MA B L, DWYER L M, COSTA C, et al. Early prediction of soybean yield from canopy reflectance measurements [J]. Agronomy Journal, 2001, 93 (6): 1227-1234.

[46] DIEPEN CA, WOLF J, KEULEN H, et al. System description of the WOFOST 6.0 crop simulation model implemented in CGMS volume 1: theory and algorithms[M]. Luxembourg: Office for Official Publications of the European Commission, 1994.

[47] HUANG J X, TIAN L Y, LIANG S L, et al. Improving winter wheat yield estimation by assimilation of the leaf area index from Landsat TM and MODIS data into the WOFOST model[J]. Agricultural and Forest Meteorology, 2015, 204: 106-121.

[48] OZDOGAN M. The spatial distribution of crop types from MODIS data: temporal unmixing using Independent Component Analysis[J]. Remote Sensing of Environment, 2010, 114(6): 1190-1204.

[49] UNGANAI L S, KOGAN F N. Drought monitoring and corn yield estimation in southern Africa from AVHRR data[J]. Remote Sensing of Environment, 1998, 63(3): 219-232.

[50] MKHABELA M S, MKHABELA M S. Exploring the possibilities of using noaa, vhrr data to forecast cotton yield in Swaziland[J]. UNISWA Journal of Agriculture, 2000, 9(1):13-21. https://doi.org/10.4314/uniswa.v9i1.4591.

[51] LABUS M P, NIELSEN G A, LAWRENCE R L, et al. Wheat yield estimates using multi-temporal NDVI satellite imagery[J]. International Journal of Remote Sensing, 2002, 23(20): 4169-4180.

[52] MARTI J, BORT J, SLAFER G A, et al. Can wheat yield be assessed by early measurements of Normalized Difference Vegetation Index? [J]. Annals of Applied Biology, 2007, 150(2): 253-257.

[53] SATIR O, BERBEROGLU S. Crop yield prediction under soil salinity using satellite derived vegetation indices [J]. Field Crops Research, 2016, 192: 134-143.

[54] YOUSFI S, KELLAS N, SAIDI L L, et al. Comparative performance of remote sensing methods in assessing wheat performance under Mediterranean conditions [J]. Agricultural Water Management, 2016, 164: 137-147.

[55] HOCHHEIM K P, BARBER D G. Spring wheat yield estimation for western Canada using NOAA NDVI data[J]. Canadian Journal of Remote Sensing, 1998, 24(1): 17-27.

[56] NEWTON I H, TARIQUL ISLAM A F M, SAIFUL ISLAM A K M, et al. Yield prediction model for potato using landsat time series images driven vegetation indices[J]. Remote Sensing in Earth Systems Sciences, 2018, 1(1): 29-38.

[57] DORAISWAMY P C, SINCLAIR T R, HOLLINGER S, et al. Application of MODIS derived parameters for regional crop yield assessment [J]. Remote Sensing of Environment, 2005, 97(2): 192-202.

[58] Wofost Model Available online: https://www.wur.nl/en/Research-Results/Research-Institutes/Environmental-Research/Facilities-Products/Software-and-models/WOFOST/Downloads-WOFOST.htm (accessed on Jan 19, 2019).

第4章 田间尺度骏枣产量评估的遥感同化方案研究与实现

4.1 绪 论

4.1.1 研究背景

红枣为李科枣属植物,常晒干制成枣干。据史料记载,红枣是一种传统的名优特产树种,原产地为中国,有长达 8 000 多年的历史。西周时期,由红枣发酵酿造的红枣酒被人们视为上乘贡品,作宴请亲朋好友之用。红枣的药用价值极早就被人们挖掘到。《神农本草经》曾记载,其味甘性温、归脾胃经,有补中益气、缓和药性、养血安神之功效。而现代的药理学则发现,被誉为"天然维生素丸"和"百果之王"的红枣不仅含有大量的维生素 A 和维生素 C,还含有蛋白质、糖类、有机酸、多种微量钙以及氨基酸等丰富的营养成分,其包含的微量元素三萜类化合物和二磷酸腺苷具有抗癌防高血压的功能[1]。

综上所述,红枣食用和药用价值极大,可通过发展红枣产业带动人们走上致富之路,走中国特色的乡村振兴之路。在国家农业产业政策大力扶持,种植技术和病虫防控手段不断加强的前提下,我国红枣产量整体上呈现逐年增长趋势。国家统计局数据显示,2019年我国红枣产量达到 746.4 万吨,较 2018 年略增长 1.45%[2]。据统计,2017 年我国红枣产量占全球的 97.2%,新疆红枣产量占全国的 48.91%。其中,新疆灰枣、骏枣分别占新疆红枣总产量的 62.9%、32.7%[3]。由此可见,骏枣是主流红枣品种之一。

近年来,新疆骏枣树种植面积不断扩大,种植密度不断增加,成为南疆乃至整个新疆地区农民实现增收提质的关键途径之一。由于骏枣种植密度较大,单纯求量不求质的种植模式使得骏枣的种植存在一些问题,具体表现为骏枣单产低、灾害防控能力弱等,从而导致质量降低。在供需基本稳定的情况下,低质的骏枣鲜少有人问津,导致新疆骏枣产业整体供大于求的格局难以改变,骏枣价格也一直在底部振荡,"骏枣难卖"现象时常上演。骏枣较低的价格导致新疆大量农户的收入水平降低,逐渐有农户开始砍树弃种,且这种状况逐年增多。农户砍树和弃种等种植行为,既浪费水土资源,又不利于骏枣产业乃至整个红枣产业的健康发展,更影响新疆地区的扶贫攻坚工作。

4.1.2 选题目的与意义

田间尺度下的作物产量估计有助于更好地了解作物产量的空间变化,从而分析可能的原因,如气候条件、土壤特性、灌溉和施肥管理,以改进产量管理决策。因此,对当地果园进行枣树产量估测,有助于果园管理者制定果园经营决策,在一定程度上可以对红枣的价格进行分析预测。

之前大多数研究都是基于单一的作物生长模型或者单一的农业遥感信息来监测作物生长状况,评估作物产量。作物生长模型用于模拟农作物在不同条件下的发育过程,可以掌握作物在不同时期下的生长发育状况,但不能反映农作物在空间上的差异。而遥感卫星可以实时获取大面积作物的数据,但不能定量描述作物的生长过程。随着遥感卫星技术和遥感反演产品的成熟以及作物生长模型的疾速发展,利用作物生长模型及农业遥感的数据同化技术跟踪监测作物的生长情况成为科研人员的研究重点。

由于目前可用的遥感同化很少用来估计水果的产量,特别是枣树的产量。因此,本研究旨在充分利用作物生长模型和农业遥感技术两者的优势,提高骏枣产量评估的准确性,从而帮助果园管理者更好地分析产量变化及其原因,提高果园管理和农业决策的能力。

4.1.3 国内外研究现状

1. 传统估产手段

传统估产手段主要包括:人工统计、农学方法、气象猜测等[4]。传统估产手段不仅需要整理统计庞大的数据资料,而且还要进行实地调研。该类估产手段的工作量巨大,需要投入大量的人力和物力,所以一般不被用于作物的大范围估产。

2. 农业遥感估产研究现状

遥感技术[5]作为新一代的精准农业技术之一,被广泛应用于农业领域。农业遥感的作用主要表现在对作物面积、长势、产量、灾害遥感监测上,或者用于提取作物的生物参数,如叶面积指数、叶绿素含量、生物量、水分含量等[6-7]。通过遥感技术能够提供及时准确的数据,并且获取数据成本较低。

美国于1974年首次使用遥感卫星影像对作物粮食产量进行监测。在此之后,美国在其开展的农业计划中利用遥感技术分析作物的长势情况、评估作物产量以及农业灾害预警等,对遥感估产的发展具有重大意义。21世纪初期,MODIS产品在美国的农业遥感项目中首次亮相,MODIS的时间分辨率较高,因此,可以应用于生育期的作物监测和灾害预警[8]。

1979年,我国陈述彭院士[9]首次提出农作物遥感概念。王鹏新等[10]使用归一化差值植被指数NDVI和预测作物产量的回归模型模拟了玉米的单产,取得较好的模拟结果。为更深入研究回归估产模型,王恺宁等[11]组合多种NDVI并成功构建了针对河北省冬小麦的估产模型,该模型可以较为准确地估算全球重点地区的农作物单产信息。

3. 作物生长模型研究现状

作物模型,一般指作物生长模型,顾名思义就是通过计算机的信息处理能力来模拟农作物的生长过程及产量,需要输入的参数有气候(包含降雨量、日照辐射)、田间管理(包含灌溉)、土壤(温湿度)、作物生理等数据,通过计算机对输入参数和数学方程进行分析处理,最终得出作物的模拟结果[12]。作物生长模型是一种把气候、土壤、作物品种和管理措施等因素作为一个整体系统进行数值模拟的方法。多元输入与多元输出使作物生长模型在作物生育期的生长状态模拟中具有很强的可比性,数值模拟在定量分析作物生长发育、种植状态,以及产量状况等方面的应用已经非常广泛。

作物生长模型的概念起源于荷兰,ELCROS模型由de Wit于19世纪70年代发表。最先应用的作物生长模型包括以下几个模块:光合作用、养分运移及呼吸作用等[13]。1994年,荷兰瓦赫宁根大学研发了WOFOST模型[14],该模型可以以天为单位并且在不同气象条件下对植物的生理做出模拟。美国在19世纪80年代根据IBSNAT建立了适用于美国大多数地区的农业技术模型——农业决策支持系统(DSSAT)[15],CERES系列模型作为DSSAT的主要模块,目前包括花生、大豆、玉米、水稻、马铃薯以及小麦等多种作物生长模型。为使作物生长模型在应用过程中拥有更好的实用性,并且适应农业生产,作物生长模型加入了许多功能,如可以模拟作物不同时间段内和不同气候条件下的生长情况。

中国对作物生长模型的研究较晚,高亮之团队[16]于1982年成功开发了CCSODS模型系列,该作物生长模型可以结合实际生产情况模拟出玉米、小麦、棉花以及水稻的主要生长过程。20世纪90年代,为了研究水稻的栽培发育,开发了RCSODS模型。该模型可以模拟水稻的产量形成过程,可以为栽培决策提供关键性依据。该模型的出现是我国作物生长模型迅速发展的重要开端,我国水稻种植地正在大力应用RCSODS模型。目前,作物生长模型已经在作物长势评估、精准农业、田间管理决策以及预测产量等方面得到了广泛的应用。

4. 遥感同化研究现状

由于作物生长模型和农业遥感自身存在的缺点,单独使用这两种方法不能满足农业需求。因此,越来越多的专家学者开始重视农业遥感与作物生长模型的同化研究,遥感同化逐步成为农业研究的重要手段之一。国内外对遥感数据同化的应用越来越广泛,很多国内外科研人员应用该方法后成功获得理想的同化结果[17-18],目前同化农业遥感与作物生长模型已成为作物长势监测与产量估算研究的重要技术。

将作物生长模型、遥感技术及数据同化三者联结起来[19],构建适用农业的同化系统,提高农作物的产量估算精度,是农作物的长势监测和产量预测的趋势。遥感同化方法是将作物生长模型的输入变量和农业遥感数据(由遥感卫星获取的空间或者时间状态变量)进行耦合,用于减少农业遥感观测值与作物生长模型的预测值或者模拟值之间的误差。该方法不仅能解决不连续的遥感观测值问题,而且可以使作物生长模型模拟的结果趋近作物的真实情况,从而提高作物的模拟精度。

根据耦合方式,可以将遥感同化方法分为以下3种。

(1)强迫法

强迫法使用遥感数据直接将状态变量替换到模型中。Hadria等[20]基于STICS生长模型和遥感数据的方法来估计半干旱地区小麦产量和灌溉的空间分布,在特定时期强制使用LAI变量,以提高模拟LAI、地上生物量(AGB)、产量和蒸腾精度,结果表明,该方法可以准确地模拟实际的蒸散发量和产量。Morel等[21]强制将遥感截获效率指数和吸收光合有效辐射的分数(FAPAR)纳入MOSICAS模型,以分别估算甜菜和甘蔗的产量。

(2)参数优化法(变分法)

参数优化法通常采用特定的算法来调整初始输入参数,以使遥感状态变量与作物生长模型模拟值之间达到一致。参数优化法利用主要生长季节的所有观测数据,通过最小化成本函数来使模型与观测值相适应,从而优化作物生长模型的初始参数。变分似然法、三维变分数据同化(3D-VAR)[22]、四维变分数据同化(4D-VAR)[23]和粒子群优化算法(PSO)[24]是主要参数优化法。邢会敏等[25]对冬小麦冠层覆盖度、地上生物量和产量进行计算。模拟退火算法[26]、复合型混合演化算法[27]和粒子群优化算法3种同化算法进行AquaCrop作物生长模型与农业遥感的同化耦合。研究发现,这3种同化算法均能有效地模拟冬小麦的冠层覆盖、生物量和产量,其中,复合型混合演化算法无论在运算效率还是同化结果的精度上均优于粒子群优化算法和模拟退火算法。Wagnerl[28]等提出了一种新的将粒子群优化算法和统计距离度量相结合的数据同化方法,该方法能够灵活地处理模型和输入不确定性。该方法通过将Sentinel-2数据中的冠层覆盖信息同化到AquaCrop-OS模型中,用于改进冬小麦像素和田间水平的产量估计,并将其与简单更新方法和扩展卡尔曼滤波更新方法进行了比较,探讨了新提出的方法的潜力。结果表明,该方法优于简单更新方法,与扩展卡尔曼滤波更新方法相似或更好。此外,该方法减少了产量估计中的偏差。白铁成等[29]利用SUBPLEX方法将遥感LAI同化到WOFOST模型中,改进田间尺度的枣树产量预测,结果表明,与未同化的模拟相比,SUBPLEX同化显著提高了产量估计性能。

(3)更新法(顺序法)

更新法在观测值可用时直接修正建模系统的状态变量,状态更新的大小取决于建模和观测状态变量的不确定性。更新法的示例包括EnKF、粒子滤波器(PF)、恒定增益卡尔曼滤波器(CGKF)以及系综平方根滤波器(EnSRF)等。黄健熙[30]等利用集合Kalman方法,对WOFOST作物生长模型和MODIS-LAI遥感数据进行同化,用于估算衡水市冬小麦的产量,研究表明,基于EnKF的同化方法的作物产量预测是一种精确有效的估产方法,未来可以在区域尺度上表现出更好的性能。刘峰等[31]根据数据同化系统的已有研究,并结合作物生长模型与农业遥感,对CERES-Wheat作物模型中影响作物生长发育的关键参数进行调整,最终将极快速模拟退火(VFSA)算法应用到农业遥感与CERES-Wheat模型上。通过小麦LAI的同化,对该数据同化系统进行了检验,发现冬小麦同化叶面积指数与观测值的吻合度较高,该同化方法的提出为农业同化方法的设计提供了参考。

5. 当前研究存在的问题

当前的遥感同化方法各有利弊。强迫法相对容易实现,但它高度依赖于遥感状态变量的精度,以及模拟和观测的状态变量在物候期是否一致。如果模拟物候期与遥感观测物候期之间存在较大误差,则强迫法可能会使模型的模拟结果变差[32]。参数优化法和更新法具有更大的灵活性,但是在同化过程中,遥感数据的最小误差被引入作物生长模型中。物候信息对更新法的同化精度有重要影响。错误物候信息的同化不仅会降低精度,还会导致更糟糕的模拟结果。在理论上,参数优化法优于强迫法和更新法,因为参数优化法可以减少同化过程中遥感数据误差的积累和扩散。然而,这种方法通常需要大量的优化迭代和更多的计算时间,特别是对于高空间分辨率的遥感数据。

由于目前现有可用的遥感同化方法很少用来估计水果的产量,特别是枣树的产量。因此,本研究旨在充分利用作物生长模型和遥感技术两者的优势,提高骏枣产量评估的准确性,从而帮助果园管理者更好地分析产量变化及其可能的原因,以提高小型农业生态区果园管理和农业决策的能力。

4.1.4 研究内容与组织架构

针对目前区域估产领域的研究现状,首先,通过收集及处理各种数据,并应用历史数据和作物生长模型WOFOST建立初始枣树生长模型;其次,分别基于EnKF和SUPLEX同化方案,分析骏枣不同发育阶段LAI对同化精度的影响;再次,分别将使用EnKF同化方案和 SUBPLEX 同化方案估算的骏枣产量,对比田间骏枣产量观测值,来筛选最优方案;最后,使用 PytQT5 实现遥感同化系统的用户图形界面(GUI)。

本研究主要对如下内容开展研究。

(1) 实现基于 EnKF 的枣树生长模型同化功能

将 EnKF 同化方案应用于 WOFOST 作物生长模型估产中,构建基于 EnKF 同化方案的作物生长模型同化系统,以骏枣地面试验站点时间序列 LAI 观测数据为同化数据,并应用地面实测骏枣产量数据,探讨同化方案的可行性及同化结果精度。

(2) 实现基于 SUBPLEX 的枣树生长模型同化功能

综合考虑新疆阿拉尔地区骏枣田间管理实际,应用 SUBPLEX 同化方案构建 WOFOST 作物生长模型参数优化同化系统,并应用新疆阿拉尔地区骏枣地面观测数据进行同化试验验证,旨在探讨和评价基于优化算法的作物生长模型同化系统的估产能力和精度,为该同化方案田间尺度应用提供科学依据。

(3) 田间尺度骏枣的遥感同化可视化界面搭建

为提高该遥感同化方案的实用性与操作性,采用 Python+PyQt5 搭建用户界面,最终完成同化方案的系统设计与实现。用户通过软件界面输入所需的作物参数,如遥感数据、气象土壤数据、作物数据等参数,选择所需同化方案,从而得到枣树预测的生长趋势以及产量。

4.2 相关理论与技术

4.2.1 PCSE-WOFOST 作物生长模型

1. PCSE-WOFOST 概述

PCSEl[33]是 Python 版本的 WOFOST 作物生长模型,WOFOST 作为一个动态解释性模型,对作物进行积分模拟,其模拟的主要过程有 4 个部分,包括土壤水分平衡、干物质分配、同化作用以及光合作用[34]。许多 Wageningen 作物模拟模型最初都是使用 FORTRAN 77 或者 FORTRAN 模拟转换器(Fortran Simulation Translator,FST)[35]开发的。使用 FST 实现的模型可产生具有高数值、高性能和高质量的预测结果,但 FST 编写的模型的固有局限性越发明显,该类模型内部之间的组件是紧密耦合的,往往难以解耦。在实际应用中,通常需要使用原有模型之外的模拟方法替换模型中原有的组件,但该解耦过程复杂困难,很耗时间。此外,这类模型依赖于文件的输入/输出接口,与数据库接口的过程普遍复杂。因此,PCSE-WOFOST 的出现就是为了重新实现 Wageningen 作物模拟模型。

与 FST 类似，PCSE-WOFOST 通过显式分离参数、速率变量和状态变量来实现良好的模型设计。此外，PCSE-WOFOST 负责模块初始化、变化率的计算、状态变量的更新以及完成模拟所需的操作。输入/输出与仿真模型本身完全分离，降低了组件之间的耦合度，从而使 PCSE-WOFOST 可以对文本文件、数据库和存储科学数据的格式文件进行读取、写入以及删除，但 PCSE 中的模拟方法目前仅限于集成具有固定每日时间步长的矩形积分。

PCSE-WOFOST 试图将耦合逻辑进行分离，为不同的组件改进内部方法，这些组件在仿真模型的实现中发挥作用。模拟的动态部分由一个专用的模拟引擎负责，该引擎处理初始化、土壤和植物模块的速率/状态更新顺序以及跟踪时间、检索天气数据和调用农业管理模块。求解土壤/植物系统的微分方程和更新模型状态推迟到执行（生物）物理过程（如物候发育或 CO_2 同化）的模拟对象。农业管理模块负责通知农业管理行动，如播种、收获、灌溉等。

PCSE-WOFOST 组件之间的通信是通过将变量导出到共享状态对象，或通过任意 PCSE-WOFOST 对象广播和接收的信号来实现。

2. PCSE-WOFOST 原理与过程

PCSE-WOFOST 引擎提供了模拟作物生长的环境，引擎负责读取模型配置，初始化模型组件，通过调用模拟对象来驱动模拟，调用农业管理模块、时间和提供所需的天气数据，并在模拟期间存储模型变量以供以后输出。此外，引擎本身是通用的，可以用于 PCSE-WOFOST 中定义的任何模型。为了实现连续模拟，PCSE-WOFOST 引擎使用了与 FORTRAN 仿真环境中相同的方法，将欧拉积分的固定时间步长设置为 1 天，图 4.1 展示了连续模拟的原理以及各个步骤的执行顺序[33]。

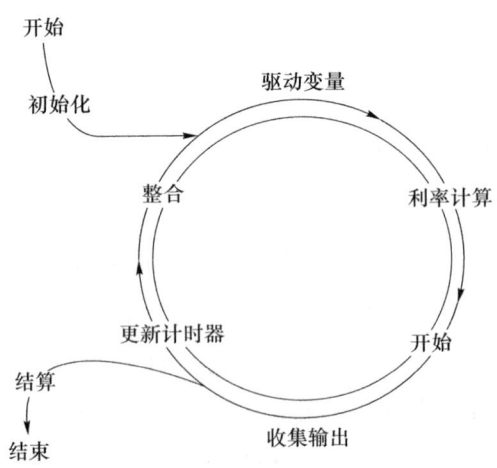

图 4.1 使用欧拉积分进行连续模拟的计算顺序

模拟引擎与模型逻辑本身完全分离,在模拟启动之前,需要对引擎进行初始化,涉及以下8个步骤:

① 加载模型配置,初始化引擎;

② 初始化和调用农业管理模块,用于确定第一个和最后一个模拟序列;

③ 计时器使用第一天和最后一天的模拟序列进行初始化;

④ 在初始化模型配置中指定的土壤单元组件;

⑤ 检索起始时间的天气变量;

⑥ 调用农业管理模块触发安排在起始时间进行的所有管理事件;

⑦ 计算基于初始状态和驱动变量的初始变化率;

⑧ 收集输出并保存模拟的初始状态和速率。

模拟的下一个周期由计时器更新到下一个时间点,将前一天的变化率集成到状态变量中,并检索当天的驱动变量。最终根据新产生的驱动变量和更新的模型状态等重新计算变化率。

3. PCSE-WOFOST 模型所需数据

(1) 天气数据

因为作物的生长与发育取决于气候条件,为运行作物模拟,模拟引擎需要用气象变量来驱动正在模拟的过程,PCSE-WOFOST 需要的每日天气数据变量见表 4.1,将天气变量存储到 Excel 表格中。

表 4.1　天气数据变量

名称	描述	单位
DAY	日期	
TMAX	每日最高温度	℃
TMIN	每日最低温度	℃
VAP	日平均蒸气压	hPa
WIND	地面以上 2 m,日平均风速	m/s
RAIN	日降水量	cm/d
IRRAD	日辐射	$J/m^2/d$

(2) 农业管理

农业管理是 PCSE-WOFOST 中一个复杂的部分,需要 PCSE-WOFOST 来模拟农业领域正在发生的过程。为了使庄稼生长,农民必须先耕地和播种,再进行适当的管理,包括灌溉、除草、施肥、病虫害防治，最后得到收获。所有这些行动都必须安排在特定的日期，而日期的选择与某些作物阶段有关，或取决于土壤和天气条件。此外，进行农业管理时还必须提供具体的参数，如灌溉量或养分。

在以前版本的WOFOST中，农业管理的选择仅限于播种和收获。一方面，这是因为选择播种与收获的农业管理往往被认为是最佳的，因此没有必要进行详细的农业管理。另一方面，实施农业管理相对复杂，因为农业管理由一次事件而不是连续发生的事件组成，因此它不适合传统的模拟周期。

此外，从技术的角度来看，通过传统的函数调用来实现此类事件的速率计算和状态更新并不具有吸引力。例如，为了指示一个养分施用事件，必须传递几个额外的参数（如养分的类型、数量和效率）。这存在两个缺点。首先，只有有限数量的模拟对象会使用这些信息做一些事情，而对于其他所有对象，这些信息是无用的。其次，在生长周期中通常只施一两次养分，所以在一个200天的生长周期中，有198天的参数不携带任何信息，但它们仍然会出现在函数调用中，从而降低了计算效率和代码的可读性。

定义PCSE-WOFOST中的农业管理并不复杂，首先要定义一系列活动。活动在指定的日期开始，并确定下一次活动何时开始。每个活动的特征是0个或1个作物日历，0个或多个计时事件和0个或多个状态事件。作物日历指定作物的时间（播种、收获），而计时事件和状态事件可以用于指定依赖于时间（特定日期）或特定模型状态变量（如作物发育阶段）的管理操作。

（3）土壤数据

PCSE-WOFOST驱动模拟过程中，需要的土壤数据变量如表4.2所示。

表4.2 土壤数据变量

名称	描述
CRAIRC	临界空气含量
SMTAB	土壤含水量
SMW	凋萎土壤含水量
SMFCF	田间持水量
SMO	土壤饱和含水量

以上土壤数据一般用于模拟水分限制条件下的日土壤水分平衡，并确定作物的最佳种植日期。因为前人研究发现，对模拟结果影响因素比较大的是作物数据，所以本研究直

接使用前人的土壤数据。

4.2.2 数据同化技术

1. 数据同化的概念

数据同化最先应用在数值天气预报之中,目前广泛应用于大气、海洋、陆面和水文等领域。不同领域的学者对数据同化在各自领域的看法与定义不一样,但综合而言,数据同化一般由动态模型、直接或者间接的观测数据和同化算法3个部分组成,主要是通过同化算法不断结合模型框架和不同分辨率的观测数据来减少不确定因素,从而获取最优值。

2. 数据同化算法分类与机制

数据同化算法是数据同化技术的核心部分,是遥感数据与作物生长模型的关键部分,数据同化算法目前主流的方法有顺序数据同化算法和连续数据同化算法两大类[36],如图4.2所示。

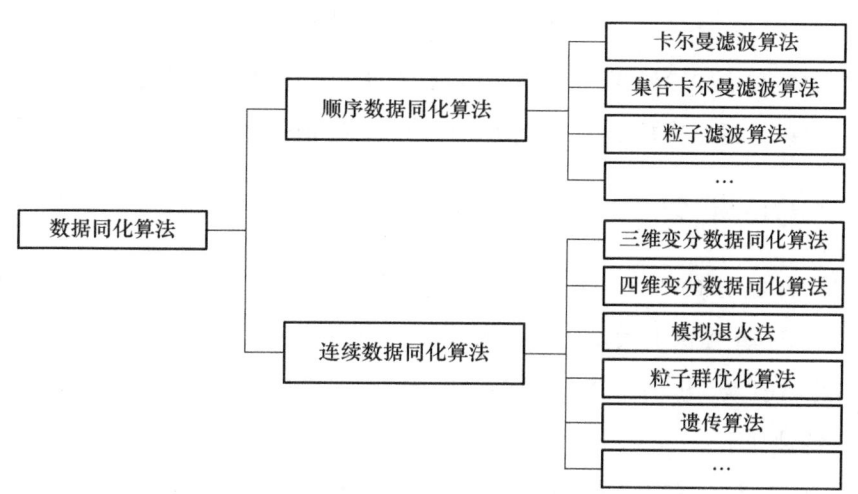

图4.2 常见的数据同化算法分类

顺序数据同化算法,又叫滤波法,有3个步骤。首先是预测步骤,根据当前时间节点(假设为t)的状态值进行初始化,不断向前推进,直至有新的观测值用于预测下一时间节点($t+1$)的模型状态值。其次是更新步骤,对($t+1$)时间节点的观测值和预测值进行加权,计算得出该时间节点的最佳预测值。最后根据当前($t+1$)时间节点的状态重复预测和更新两个步骤,直至完成所有观测数据的预测和更新。

连续数据同化算法,又叫变分同化法、初始化方法、参数优化法。该法是利用变分原理,在整个时间序列中将全部的观测数据和模型状态值进行全局最优估计。通过最小化代价函数(全局优化算法)和观测值不断迭代调整模型的预测值,最终将模型的模拟轨迹拟合到所有观测数据上。

4.2.3 遥感反演 LAI

Landsat 8 卫星携带陆地成像仪(OLI)和热红外传感器(TIRS)。Landsat 8 卫星产品一共有 11 个波段,波段 1~7 和波段 9~11 的空间分辨率为 30 m,波段 8 为 15 m 空间分辨率的全色波段。卫星每 16 天可以实现一次全球覆盖。

对于田间和局部尺度的作物产量估算,中高空间分辨率的陆地卫星是常用的数据源。可以使用 Landsat 8 遥感影像的波段 4(Red,0.64~0.67 μm)和波段 5(NIR,0.85~0.88 μm)进行植被指数提取,包括归一化差分植被指数(NDVI)、土壤调整植被指数(SAVI)。

NDVI 和 SAVI 的计算如公式(4-1)和公式(4-2)。

$$NDVI = \frac{\rho_{nir} - \rho_{red}}{\rho_{nir} + \rho_{red}} \tag{4-1}$$

$$SAVI = \frac{\rho_{nir} - \rho_{red}}{\rho_{nir} + \rho_{red} + L} \times (1+L) \tag{4-2}$$

计算 NDVI 和 SAVI 结果,分析实测 LAI 与 NDVI 的数值,得出二者的相关系数,并建立叶面积指数与遥感植被指数的函数关系,对遥感叶面积指数进行估算[37]。

4.2.4 PyQt5 框架

PyQt 是 Qt 框架的 Python 语言实现,由 Riverbank Computing 开发,是最强大的 GUI 库之一。PyQt 提供了大量优良的窗口控件,每一个 PyQt 控件都对应一个 Qt 控件,因此 PyQt 的 API 与 Qt 的 API 很接近,但 PyQt 不再使用 QMake 系统和 Q_OBJECT 宏。PyQt5 特性如下:

① 跨平台效果好,完美支持 Mac、Windows、UNIX 等多种系统;

② 学习简单,面向对象的特性体现得比其他框架明显,在命名、继承、类的组织等方面保持了优秀的一致性,代码写起来比较优雅;

③ 功能强大,基本能实现 QT 能实现的所有功能;

④ 文档丰富,PyQt 使用者众多,同时可直接参考 QT 文档,对后期开发更加方便(https://www.riverbankcomputing.com/static/Docs/PyQt5/index.html);

⑤ 拥有 QT Designer 和 QSS 支持,界面效果更好;

⑥ PyQt5 是双重许可,开发者可以在 GPL 和商业许可之间进行选择;

⑦ 长期维护是选择框架的重要标准,毕竟一个项目的运行周期可能很长,如果框架

不能及时支持，后期带来的麻烦会很多；

⑧ 开源免费，稳定性和安全性都好；

⑨ 使用信号和槽机制，界面设计和业务代码分离开发。

本节主要介绍了遥感同化系统中涉及的相关理论知识与技术，简述了 PCSE-WOFOST 模型以及其原理与模拟过程，说明了 PCSE-WOFOST 模型所需数据库，同时概述了数据同化技术，为后续的同化工作提供理论基础。此外，本节介绍了 PyQt5 框架，为系统实现提供了可靠的技术框架。

4.3 骏枣估产遥感同化方案设计

4.3.1 基于 EnKF 算法的同化方案设计

为了分析集合卡尔曼滤波（EnKF）的同化特性，需要首先从算法的角度理解其执行过程，进而对算法的各执行阶段进行同化研究与分析。

1. EnKF 简述

Evensen[38] 引入 EnKF，用于替代传统的扩展卡尔曼滤波器（EKF）。EKF 基于统计线性化或闭合近似，但该近似过于严格而无法用于某些具有强非线性动力学的案例[39]。EnKF 是一种常用的顺序数据同化（滤波）算法，其通过整合一组模型状态，计算分析时所需的均值和误差协方差。Evensen 提出的分析方案使用传统的卡尔曼滤波器（KF）[40] 的更新方程，除了增益是由模型状态集合提供的误差协方差计算。通过使用相同的分析方程对每个集合成员进行更新，可以生成一个新的集合成员来表示所分析的状态。由于 EnKF 避免了许多与传统 EKF 相关的问题，例如，不存在像在 EKF 中因忽略误差协方差演化方程中高阶统计矩的贡献而引入的闭包问题，它能够以更低的数值成本进行计算，利用相当有限的模型状态就足以实现合理的统计收敛，且对于足够的集成规模，误差将由统计噪声主导，而不是由闭包问题或无界误差方差增长[41]，因此 EnKF 很有吸引力。

EnKF 同化技术是一种顺序资料四维同法，是资料同化算法的一个热点。集合卡尔曼滤波数据同化算法通过对 EKF 中协方差演变方程预报过程中存在的计算不准确和协方差矩阵存储大容量数据等问题进行集中处理，可有效地控制误差方差增长，提高预报精度。在分析步骤中，观测值必须被视为随机变量。也就是说，观测值集合应由正确的统计量加上随机干扰产生，然后用于更新模型状态集合[42-43]。在 EnKF 的先前应用中没有这样做，这导致更新的集合具有过低的方差。如果模型状态集合的协方差被解释为预测误差协方差，并且除使用足够大的集合之外，对 EnKF 没有进一步的要求，那么来自 EnKF 的误差统计和标准卡尔曼滤波器算法之间存在唯一的对应关系。

2. EnKF 原理与同化方案

1) EnKF 原理

EnKF 算法是一种经典的顺序数据同化算法，它在卡尔曼滤波的基础上引入集合的概念，通过集合来估计预报协方差。由于不需要预报算子的伴随模式，且即使是非线性或不连续的复杂动态模型，利用 EnKF 算法进行同化也可以得到比较好的结果[44-46]。其基本方法是，把每个状态量假设成一个集合，其中包含了状态量的可能取值，集合中各成员的平均值即为状态量的最优估计。每个集合都通过模型的运行向前推进，预测出下一个时刻状态量的取值，当存在观测数据时，就通过观测数据更新各个集合，若不存在观测数据，则依靠模型继续向前运行[47-48]。

EnKF 算法主要包括预测过程和更新过程。假设有 N 个集合，在 $k=0$ 时初始化所有集合，通过不断预测与更新，最终得出目标参数集合。

（1）预测过程

$$X_{i,k+1}^f = M_{k,k+1}(X_{i,k}^a) + w_{i,k}, w_{i,k} \sim N(0, Q_K) \tag{4-3}$$

将目标集合参数输入模型中，运行并计算出目标参数在 $k+1$ 时刻的预测值 $X_{i,k+1}^f$ 时刻与 $k+1$ 时刻的状态变化关系为 $M_{k,k+1}$。

（2）更新过程

在 $k+1$ 时刻存在观测值的情况下，利用观测值对上一步获得的状态预测值进行更新，得到更新后的状态分析值及其相应的误差协方差等。

$$X_{i,k+1}^a = X_{i,k+1}^f + K_{x+1}[Y_{k+1}^o - H_{k+1}(X_{i,k+1}^f) + v_{i,k}], v_{i,k} \sim N(0, Q_k) \tag{4-4}$$

$$\overline{X}_{k+1}^a = \frac{1}{N}\sum_{i=1}^{N} X_{i,k+1}^a \tag{4-5}$$

$$K_{k+1} = P_{k+1}^f H^T (HP_{k+1}^f H^T + R_K)^{-1} \tag{4-6}$$

$$P_{k+1}^f H^T = \frac{1}{N-1}\sum_{i=1}^{N}(X_{i,k+1}^f - \overline{X}_{k+1}^f)[H(X_{i,k+1}^f) - H(\overline{X}_{k+1}^f)]^T \tag{4-7}$$

$$HP_{k+1}^f H^T = \frac{1}{N-1}\sum_{i=1}^{N}[H(X_{i,k+1}^f) - H(\overline{X}_{k+1}^f)][H(X_{i,k+1}^f) - H(\overline{X}_{k+1}^f)]^T \tag{4-8}$$

$$p_{k+1}^a = \frac{1}{N-1}\sum_{i=1}^{N}(x_{i,k+1}^a - \overline{x}_{k+1}^a)(x_{i,k+1}^a - \overline{x}_{k+1}^a)^T \tag{4-9}$$

式中，$X_{i,k+1}^a$ 是第 i 个集合在 $k+1$ 时刻的状态分析值；K_{k+1} 是增益矩阵；$k+1$ 时刻的观测数据和观测算子分别为 Y_{k+1}^o 和 H_{k+1}；观测误差 $v_{i,k}$ 是服从均值为 0，协方差矩阵为 Q_x 的高斯分布；$\overline{X}_{k+1}^a$ 是所有目标集合的估算值；P_{k+1}^f 和 P_{k+1}^a 分别是预测误差方差矩阵和分析场误差方差矩阵[49-51]。

2）EnKF 同化方案

本研究选取了 LAI 作为 EnKF 同化的参数变量，将遥感 LAI 作为观测值。在预测集中，将高斯扰动添加到模型参数中，同时将参数集合引入模型中并运行，得到具有不同参数条件的叶面积指数集合。将高斯扰动添加到遥感数据中，生成的观测 LAI 数据集合就是观测集合[52]。

3. 同化步骤

本研究使用的 WOFOST 模型代码为 PCSE 版本的源码，参考 EnKF 原理与编写的 EnKF 同化算法，将适合骏枣的作物数据作为输入数据，集成到 PCSE-WOFOST 中，设计并构建 EnKF 与 WOFOST 同化方案，同化方案如图 4.3 所示。

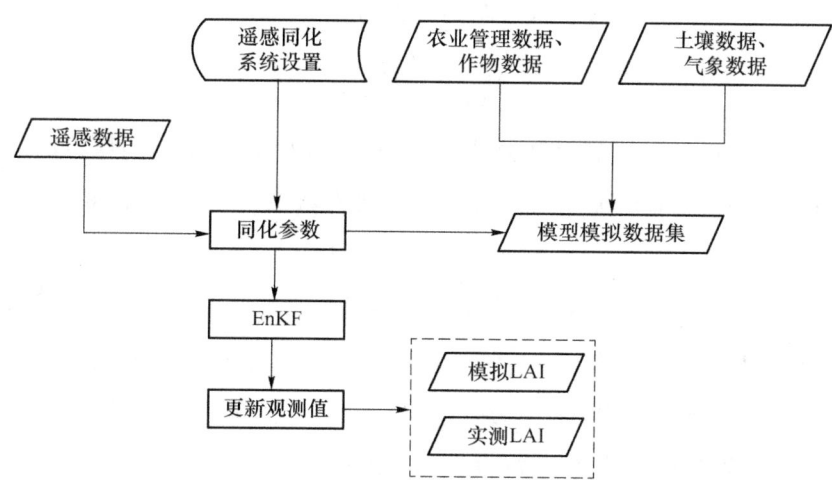

图 4.3 EnKF 与 WOFOST 同化方案

第一，进行标准的 PCSE-WOFOST 运行，查看模型自身模拟结果，而不同化遥感数据。

第二，本研究假设对叶面积指数的 4 个日期都有观测结果，提供估计值的标准偏差作为观测精度的度量。

第三，对于本研究，假定 LAI 估计值的标准偏差为估计值的 5%。

第四，将默认的 WOFOST 运行的 LAI 结果和观测结果合并到一个图中。

第五，假定模型参数初始条件（如初始生物量和初始土壤水量）和参数值（如叶子的寿命和土壤的田间持水量)具有不确定性。

第六,实现数据同化。

步骤如下。

① 为了计算卡尔曼增益,需要计算集合中模拟状态的方差矩阵。

② 计算扰动观测值及其均值和协方差。模拟集合的目的是将模拟状态视为随机变量,同时需要将观察到的状态视为随机变量。可以通过生成由观测值及其不确定性定义的均值和标准差的扰动观测值分布来实现此目的。

③ 先在数据帧中收集扰动的观测值,然后在矩阵中转换数据帧及其协方差矩阵。

④ 应用卡尔曼滤波方程。

首先,计算卡尔曼增益。将卡尔曼增益对模拟值的不确定性(由其方差 P_e 决定)和观测值的不确定性(由其方差 R_e 决定)进行加权。公式(4-10)中,H 是观测矩阵,它指定了模拟状态与观测量之间的(线性)关系。在该系统中,H 是一个单位矩阵,因为 LAI 和 SM 是可以直接观察到的,所以不需要从状态到观察的转换。

$$K = \frac{P_e H^T}{(H P_e H^T + R_e)} \tag{4-10}$$

其次,计算卡尔曼状态更新。如公式(4-11)所示,观察到的 D 和模拟的 A 之间的差乘以 Kalman 增益 K,之后增加旧状态 A 来计算带有状态 A^a 更新值的矩阵。

$$A^a = A + K(D - HA) \tag{4-11}$$

单个状态的极端情况下最容易理解卡尔曼增益的影响。首先假设模拟是完美的。当分子为零时,意味着方差 P 为零,在这种情况下,观测值被完全忽略,因为卡尔曼增益为 0。此外,分析状态 A^a 等于模拟状态,因为 $(D-HA)$ 为 0。其他极端情况下是假设观测值是完美的,并且方差 R 为零,卡尔曼增益为 1。该创新之处在于分析状态 A^a 被增大,可以精确匹配观测值。

最后,需要更新每个 PCSE-WOFOST 集合成员,以将其内部状态更新。在此之前,已经计算了数据集中每个集合成员的新状态。此更新是通过每个 PCSE-WOFOST 对象上可用的 set_variable(<varname>,<value>)方法完成的。

为了更新内部状态,通常还需要更新其他相关状态,因此,设置变量比获取变量困难。PCSE-WOFOST 中的 LAI 不是真实状态,而是源自叶片生物量的状态。为了更新 LAI,还需要更新叶片生物量。类似地,为了更新土壤水分,不仅需要更新生根区域中的体积水含量,还需要更新生根区域中的水量。此外,为了适应水平衡,需要对某些总数进行调整。这意味着状态更新的逻辑高度依赖于特定的模型结构,并且需要针对每个状态变量单独实现。

⑤ 对每个可用观察重复上述步骤,运行所有 PCSE-WOFOST 集合成员,直到生长季节结束。

4.3.2 基于 SUBPLEX 算法的同化方案设计

1. SUBPLEX 简述

在数值算法中,检测不稳定性的标准技术一般是后向误差分析。手工进行分析是困难且乏味的,而尝试使其自动化分析始终对测试的数值算法施加了严格的限制。因此,美国 ORNL 的 Tom Rowan[53]提出一种用于检测不稳定性的新算法,即功能稳定性分析,其通过将数值算法视为黑盒来解除这些限制。该算法包括两个部分,第一部分使用前向误差、后向误差和问题条件之间的关系定义了一个估计后向误差下限的函数,第二部分使用了一种新的优化算法将功能最大化。如果功能最大化表明后向误差会变大,则数值算法将不稳定。由于数值算法被视为黑盒,因此功能稳定性分析通常只需要数值算法的可执行版本即可确定它是否不稳定。

无约束的子空间搜索单纯形法(Subspace-searching Simplex Method for Unconstrained,SUBPLEX)[54]是基于内尔德-米德单纯形(Nelder-Mead Simplex,NMS)算法[55]实现的,该算法先确定一组改进的子空间,然后使用 NMS 搜索每个子空间。对于大多数应用和一般多元函数的无约束优化,SUBPLEX 显示出比单纯形搜索法更高的计算效率。SUBPLEX 使用子空间上的单纯形搜索法解决了无约束的优化问题,该算法非常适合优化在解决方案中有噪声或不连续的目标函数。

2. SUBPLEX 原理与同化方案

1) SUBPLEX 原理

定义 p^* 的前向误差为 $p(x)$。

$$F(x)=F(x;p,p^*)=\mathrm{d}y(p(x),p^*(x)) \tag{4-12}$$

假设 $\{x^*|x^*=p-1(p^*(x))\}\neq 0$,那么 p^* 的后向误差为 $p(x)$,则:

$$B(x)=B(x;p,p^*)=\inf x^* p-1(p^*(x))\mathrm{d}x(x,x^*) \tag{4-13}$$

对于输入空间中的所有点,如果函数逼近的后向误差都很小,则称函数逼近是稳定的。如果存在向后误差较大的输入,则称其为不稳定的。改变 $\mathrm{d}x$ 可以说改变了函数逼近的稳定性。

目标函数计算器使用给定的一组输入参数来运行 PCSE-WOFOST 模型,收集模拟结果,并计算观察值之间的差异。可以选择不同的目标函数。在本研究中,SUBPLEX 的目标函数 $f(x)$ 被构造为均方根误差(RMSE),见公式(4-14)。

$$f(x) = \sqrt{\frac{1}{n}\sum_{i=1}^{n}(x_i - x_0)^2} \tag{4-14}$$

式中,x_i 和 x_0 分别表示第 i 个采样点的模拟值和观测值,n 是观测点的数量。收敛的相对容差决定了目标函数的阈值,理论上而言,值越小,同化精度越高。

SUBPLEX 算法实现的关键是设置步长和子空间,然后使用 NMS 算法搜索每个子空间,实现内部最小化。第一个循环的步长等于初始步长,之后需要根据在前一个周期中所取得的进度重新调整步长。调整后的步长如公式(4-15)所示。

$$\text{step} = \begin{cases} \min(\max(\|\Delta x\|_1/(\|\text{step}\|_1,\omega),1/\omega) \cdot \text{step}), & \text{nsubs} > 1 \\ \varphi \cdot \text{step}, & \text{nsubs} = 1 \end{cases} \tag{4-15}$$

其中,Δx 为迭代后观测值与模拟值的差值,nsubs 为子空间的个数。当只有一个子空间时,可以使用表示单纯形缩减系数的因子 φ 来减小相同步长下的单纯形大小。如果 φ 值减小,则子空间搜索更加精确[29]。

$$\text{step}_1 = \begin{cases} \text{sign}(\Delta x_i) \cdot |-\text{step}_i|, & \Delta x_i \neq 0 \\ -\text{step}_i, & \Delta x_i = 0 \end{cases} \tag{4-16}$$

nsubs 与子空间维数 ns_i 之间的关系见公式(4-17)。

$$\sum_{i=1}^{\text{nsubs}} \text{ns}_i = n \tag{4-17}$$

确定子空间的第一个步骤是通过减小进度向量的分量幅度进行排序,见公式(4-18),并对 Δx 进行排序,见公式(4-19)。

$$\Delta x = (\Delta x_1, \cdots, \Delta x_n) \tag{4-18}$$

$$\Delta x = (\Delta x_{p_1}, \cdots, \Delta x_{p_m})T \tag{4-19}$$

当 $|\Delta x_{p_i}| \geqslant |\Delta x_{p_i}+1|$,第一个子空间维数 ns_1 其定义如公式(4-20)所示。

$$\text{ns}_1 = \begin{cases} \dfrac{\|(\Delta x_{p_1}, \cdots, \Delta x_{p_k})^{\text{T}}\|_1}{k} - \dfrac{\|(\Delta x_{p_1}, \cdots, \Delta x_{p_n})^{\text{T}}\|_1}{N-K}, & k < n \\ \dfrac{\|(\Delta x_{p_1}, \cdots, \Delta x_{p_n})^{\text{T}}\|_1}{n-k}, & k = n \end{cases} \tag{4-20}$$

当 $\text{ns}_{\min} \leqslant k \leqslant \text{ns}_{\max}$ 且 $\text{ns}_{\min}[(n-k)/\text{ns}_{\max}] \leqslant n-k$ 时,第一个约束将使 ns_1 得到合适的范围,第二个约束将保证剩余的 $(n-\text{ns}_1)$ 向量可以被分割。重复该过程,确定其他向量的合适范围。

2) SUBPLEX 同化方案

通过建立一个基于无约束优化算法 SUBPLEX 的数据同化框架,将遥感叶面积指数(LAI)同化到 PCSE-WOFOST 模型中,收集仿真结果,并计算观测值之间的差异,更新整体以反映新状态。在研究中,假设模拟误差是由关键输入参数初始生物干重 TDWI 和叶片寿命 SPAN 引起的,所以选择 TDWI 和 SPAN 作为模型的主要优化参数,使用 SUBPLEX 算法不断调整 PCSE-WOFOST 模型的输入参数(本研究初定为生长日期及 LAI),SUBPLEX 通过迭代计算遥感反演值和模型模拟值的最小目标函数值,得到一组最优的 TDWI 和 SPAN 值,从而实现了基于 SUBPLEX 同化方案的产量预测。

3. 优化参数设置

在设定步长和子空间后,使用 NSM 算法搜索每个子空间以最小化代价函数。TDWI 距离值是根据现场测量的 TDWI 范围设定的,SPAN 的范围与 EnKF 算法的限制相同。设定了跨度参数的上限值(60d),这是基于现场实验的潜在生长模拟的校准值。考虑到该参数可能受到水分、养分、病虫害等各种胁迫的影响,不同果园的 SPAN 可能低于潜在值,因此设定了果园的 SPAN 为 40d,这是参照所有观测点的目标函数 $f(x)$ 所能达到的最小值来设定的。根据待优化参数的实际含义,将初始步骤设置为由人工设置的期望值,在迭代过程中可以使用 SUBPLEX 算法进一步优化。理论上,较小的 φ 值和较大的 φ 值可以产生较小的目标函数值,但是计算效率会相应地降低。实际测试表明,当 $f(x)$ 小于通常值 0.25 且大于通常值 0.1 时,最小化的目标函数值没有显著改善,因此 φ 和 ω 分别被设置为 0.25 和 0.1。

4. 同化步骤

① 收集 WOFOST 的必要输入数据,如天气、作物、农业管理和土壤数据。

② 运行带有默认参数的模拟运行模型并收集输出。

③ 对 WOFOST 的输出进行采样以生成一些"观察结果"。假设每周都有 LAI 的现场观测值,因此使用 WOFOST 的输出对数据帧进行重新采样。

④ 定义模型。模型运行仅使用一组参数的不同值重新运行 WOFOST 模型,收集模型的输出,将其转换为数据帧并返回。使用参数对象上的算法更新每个 WOFOST 模拟的模型参数。

⑤ 定义目标函数。目标函数使用一组输入参数,运行 WOFOST 模型,收集模拟结果并计算与观测值的差异,可以使用不同的目标函数和均方根误差。

⑥ 尝试通过强迫算法找到最优值,即通过尝试以一定步长在整个网格上尝试合适的

组合来找到最佳选择。但实际上这不能确定最优值的范围,因此需要减小步长来寻找。需要注意的是,步长减小(或参数数量增加)时,调用的函数数量会呈指数增加,这种算法将变得不切实际。

⑦ 尝试使用 NLopt 库做智能优化。NLopt 库提供了许多用于数值优化的算法,当使用 NLOPT 算法来优化作物模拟模型时,通常使用全局搜索算法和不需要分析梯度的局部搜索算法,因为在作物模拟模型上计算分析梯度是不可行的。NLOPT 算法能够通过较少的函数调用找到具有相似精度的解决方案,若要实现较低的公差值将需要更多的函数评估。

⑧ 根据观测值优化模型参数,得到最终结果。

本节主要介绍了 EnKF 和 SUBPLEX 的基本概念与原理,并设计对应的骏枣估产遥感同化方案,同时说明了其同化步骤,并将 LAI 同化到 PCSE-WOFOST 模型中,从而提高田间枣树产量的建模精度和枣树的产量估计,为系统实现提供了关键的算法。

4.4　骏枣遥感同化系统设计与实现

在 4.3 节设计了骏枣估产遥感同化方案,构建了同化模型。由于没有图形用户界面,对编程能力较弱的人员极不友好,而且使用起来也不方便,一旦换了电脑就需要重新安装环境,整个过程较为烦琐,需要消耗大量的时间精力。所以为方便使用,本研究设计了基于 PyQt5 的 PC 应用软件,本节将对系统设计与实现展开详细说明。

4.4.1　系统设计原则

此系统的搭建应满足操作简单、功能实用等原则。通过对田间尺度的骏枣估算产量,为农户种植骏枣或者政府制定相关政策提供帮助。根据同化系统当前的需求和以后的发展,系统设计要遵照以下 7 个原则。

1. 合适性

一个软件需要满足用户的需求,让用户体验流畅,并根据实际不断优化软件的功能,使其功能性和非功能性需求越来越适合用户。

2. 体系结构稳定性

设计阶段的详细工作,如模块、用户界面、数据结构等工作,都是在体系结构确定了的基础上开展的。体系结构必须具备一定的稳定性,才能保障设计阶段能够顺利进行。

3．可扩展性

遥感同化系统应具备可扩充性，即随时可以添加功能，而且跟其他功能可以有效衔接。在保证结构稳定的基础下，软件系统可以根据需求进行一定的扩展，否则即使软件如期开发出来，也很难保证系统的稳定性。

4．可复用性

一般情况下，一个系统中的大部分功能是可以复用的，这可以在一定程度上降低成本，并且有利于提高互联网产品的质量。

5．开放性

系统设计遵循开放性原则，即能够支持多种硬件设备和网络系统，软硬件支持二次开发。各系统采用标准数据接口，具有与其他信息系统进行数据交换和数据共享的能力。

6．实用性原则

遥感同化系统设计首先应考虑是否能满足实际应用的需要。

7．模块化

将一个待开发的系统分解成若干个小模块，每个模块可独立开发、测试。模块化的目的是使程序的结构清晰，从而更容易阅读、理解、测试和修改系统。

4.4.2 系统架构

系统采用Python语言的PyQt5库进行实现。目前大多数系统的分层架构和开发模式采用MVC模式，该套系统的开发也可以用MVC模式。其中：M代表模型Model，负责对象与数据库的映射；V代表视图View，用于向用户展示界面；C则代表控制器Controller，主要负责业务逻辑，并适时调用模型和视图。这种松耦合方式的直接使用可以使UI与逻辑代码分离开来，便于维护。MVC主要由三部分组成，如图4.4所示。

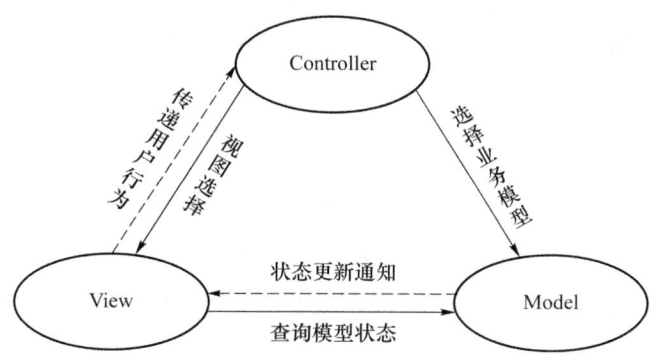

图 4.4 MVC 设计模式

4.4.3 开发环境、软件及工具包

1. 系统开发环境

① 操作系统:Windows 10。

② 系统环境:Python3.7.5(Anconda)。

③ 开发工具:PyCharm(CommunityEdition)。

2. 编程语言的选择

本系统采用 Python 编程语言,原因如下:

① 简单:Python 代码简洁,易于读写,能够专注于解决问题而不需要深入研究编程语言本身。

② 免费:Python 是开源软件,可以被免费复制、阅读甚至是改动源代码,这也是 Python 越来越受欢迎的原因之一。

③ 跨平台:Python 可以实现跨平台运行,例如,Linux、Mac 和 Windows 等平台。

④ 面向对象:Python 既支持面向过程,也支持面向对象编程。在面向过程编程中,需要大量复用代码,导致代码冗余;而在面向对象编程中,使用基于数据和函数的对象,可以频繁调用对象函数,使代码更简洁、更具维护性。

⑤ 类库丰富:Python 拥有庞大的标准库,丰富的类库方便处理各种工作,包括正则表达式、文档生成、单元测试、线程、数据库、网页浏览器、CGI、FTP、电子邮件、XML、XML-RPC、HTML、WAV 文件、密码系统、GUI(图形用户界面)、Tk 以及其他与系统有关的操作。

⑥ 代码规范:Python 采用强制缩进的方式使得代码具有极佳的可读性。

⑦ 可扩展性和可嵌入性:项目中的部分程序可以用 C/C++编写,并在 Python 程序中调用。此外,可以将 Python 嵌入 C/C++程序中,向程序用户提供脚本功能。

3. 软件介绍

(1) Anaconda

Anaconda 是一个开源的 Python 发行版本,其包含了 Conda、Python 等 180 多个科学包及其依赖项。因为包含了大量的科学包,Anaconda 的下载文件比较大,如果只需要某些包,或者需要节省带宽或存储空间,也可以使用体积较小的版本 Miniconda(仅包含 Conda 和 Python)。

(2) PyCharm

PyCharm 是一种 Python IDE,其附带一整套可以帮助用户在使用 Python 语言开发

时提高工作效率的工具,如调试、语法高亮突出、Project 项目管理、代码跳转、智能提示、自动完成、单元测试、版本控制。此外,PyCharm 提供了一些高级功能,用于支持 Django 框架下的专业 Wcb 开发。

近十几年来,PyCharm 是最受欢迎的 Python IDE 之一。JetBrains 允许开发人员从 3 种不同的 IDE 版本中进行选择：社区版本、专业版本和教育版本。开发者可以使用社区版本 PyCharm 作为正版软件,但社区版本相比专业版本少了一些高级功能。学生和高校研究者可以削减软件开发成本,选择免费申请 PyCharm 的教育版本。

PyCharm 具有极为智能的填充功能,可以较为容易地将内置,甚至是外部的软件包引入项目中,使项目获得智能协助,其中出色的智能/代码补全功能是一个省时省力的快捷功能,依靠该功能可以实现智能代码完成,动态错误检查和快速修复,轻松的项目导航等[56]。

4. 工具包介绍

（1）Numpy

Numpy 是 Python 中用来处理和存储大型矩阵的一种科学计算工具,它提供了矩阵数据、矢量数据、精密运算库等多种高级高效的数值处理工具。

（2）Matplotlib

Matplotlib 是 Python 中的一个 2D 绘图工具包,通过该工具包,用户仅仅需要敲入几行代码,就可以得到条形图、散点图、直方图等图表。

（3）Pandas

Pandas 是 Python 中一个非常重要的数据分析工具包,提供了大量用于快速便捷处理数据的方法和函数,因此,可以利用 Pandas 高效地处理大型数据集。

（4）NLopt

NLopt 是一个用于非线性优化的免费开源类库,其提供了各种不同的优化例程以及为其他算法的实现提供了通用接口,可从 C、C++、Fortran、Matlab、Python 和 Rust 等语言进行调用,仅更改通用接口的一个参数即可使用不同算法。支持大规模优化（某些算法可扩展到数百万个参数和数千个约束）、全局和局部优化算法、函数值算法（无导数）、用户自定义的梯度算法、无约束优化、边界约束优化和一般非线性不等式/等式约束算法[57]。

（5）XIrd

使用 XIrd 能够很方便地读取 Excel 文件内容,而且这是个跨平台的库,能够在 Windows 和 Linux/UNIX 等平台上面使用。

(6) Re

Re 是 Python 中的正则表达式工具包,能够轻松帮助用户更好地处理语料的文本格式,利用 Re 可以对文本进行修改、提取、替换和检索等操作。

(7) Shutil

Shutil 模块提供了许多关于文件和文件集合的高级操作,以及提供了支持文件复制和删除的功能。

(8) Multiprocessing

Multiprocessing 是 Python 中的多进程管理包。Multiprocessing 可以支持多进程操作 Process,管道传输 Pipe 等操作。

(9) Time

Time 模块下有很多函数可以转换为常见日期格式。

(10) Datetime

Datetime 是 Python 中用来处理时间和日期的一种高效且便捷的工具包。

(11) Os

Os 模块提供了非常丰富的方法来处理文件和目录。

(12) thread、threading

Python 的线程操作在旧版本中使用的是 thread 模块,在 Python27 和 Python3 中引入了 threading 模块,同时 thread 模块在 Python3 中改名为 thread 模块。threading 模块相较于 thread 模块,对线程的操作更加的丰富,而且 threading 模块本身也相当于是对 thread 模块进一步封装而成的,thread 模块有的功能 threading 模块也都有,所以涉及多线程的操作时,推荐使用 threading 模块。

(13) Pyinstaller

Pyinstaller 可用于将 Python 程序打包成 exe 可执行软件包,甚至支持生成一个独立 exe 文件,也可跨系统支持 Windows、Linux 和 Mac。

首先,Pyinstaller 预读取 Python 编写的脚本,遍历并分析代码以发现脚本执行所需的所有模块和类库。其次,Pyinstaller 将收集所有这些文件的副本,包括活动的 Python 解释器,并将其与脚本放在一个文件夹中。

4.4.4 系统功能设计

整个系统实现过程的核心在于 GUI 的实现、逻辑层的开发,其中逻辑层包含有

EnKF、SUBPLEX 等计算。系统功能模块如图 4.5 所示。

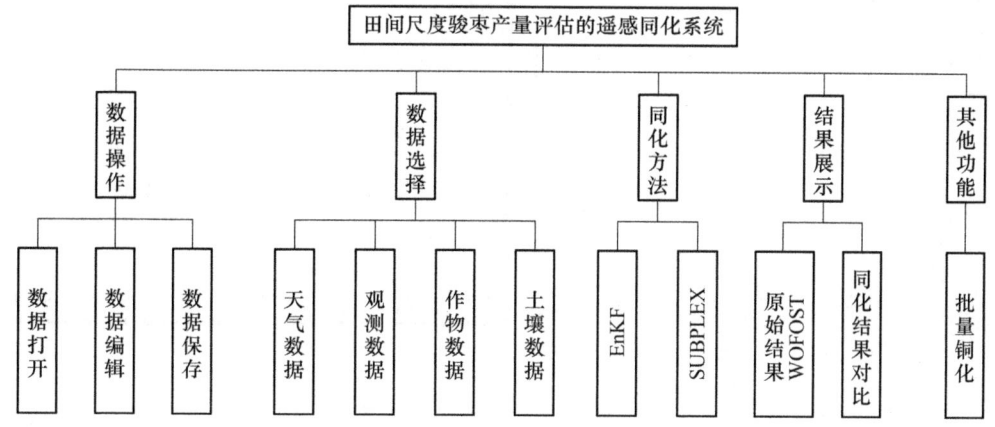

图 4.5　系统功能模块

1. 可以操作作物模型所需文件

由于该系统是为了方便用户使用，所以可以由用户自定义选择各种数据库，例如，土壤数据、作物数据、观测数据和天气数据，这增加了用户与系统间的交互性。

2. 单个/批量处理 EnKF 同化、SUBPLEX 同化

可以利用 EnKF 或者 SUBPLEX 同化处理一个果园，也可以批量处理多个果园。

运行单个果园时，运行结果直接显示在 GUI 中；而运行多个果园时，运行结果将存储在一个文件夹集合之中，并以果园为单位集合分别生成对应的文件以及多个果园的统计数据。

3. 同化返回的结果

可以更直观地观察一个果园遥感同化之后的结果与其未同化之前的结果，便于作比较。

4.4.5　系统界面

用户可操作界面及按钮：农业管理数据、天气数据、土壤数据、作物数据、观测数据、运行 EnKF、运行 SUBPLEX。如图 4.6 所示。

模拟结果显示界面：原始结果、同化结果（原始结果与同化结果对比）。

本节先介绍了系统的设计过程，包括系统功能设计、系统架构以及实验环境，使用 PyQt5 进行系统搭建，最后对系统进行了演示并分析相应的估测结果。结果表明，所使用的桌面应用（PC 端）系统能够满足田间骏枣的同化估算的需求，准确度符合预期。

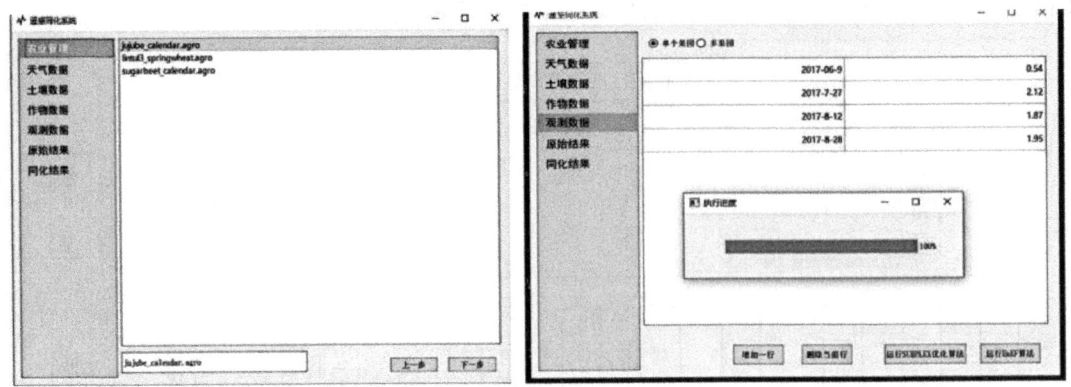

图 4.6　用户操作界面及按钮

4.5　骏枣遥感同化系统测试

4.5.1　系统测试环境

① OS：Windows 10。

② CPU：AMD R7-4800U（八核 16 线程），基准频率 1.80 GHz，加速频率 4.20 GHz。

③ 显卡类型：AMD 集成显卡。

④ 内存：16 G。

4.5.2　骏枣产量估算所需数据

本次同化采用阿拉尔市塔里木大学实验站的骏枣作为同化对象，因此要该地方的田间数据、阿拉尔市的气象数据以及农业管理数据。

1. 农业管理数据

定义农业管理数据，如作物名称（此处为骏枣）、作物的开始模拟时间、作物的开始模拟状态、模拟结束的作物状态以及最大持续时间等。农业生产活动在指定的日期开始，并在下一个日期完成。指定作物的时间（播种、收获），而时间和状态事件可用于指定管理操作，这些操作取决于时间（特定日期）或特定的模型状态变量（如作物发育阶段）。

根据表 4.3 添加参数名及参数值，生成 jujube.agro 文件，图 4.7 是农业管理功能模块，科研人员可以选择对应的农业管理文件，为同化计算提供数据。

表 4.3 农业管理数据

名称	参数	值
作物名称	CropName	jujube
模拟作物的开始日期	StartDate	2017-03-01
模拟作物的开始状态	StartType	sowing
模拟作物的结束状态	EndType	maturity
最大持续时间	MaxDuration	330

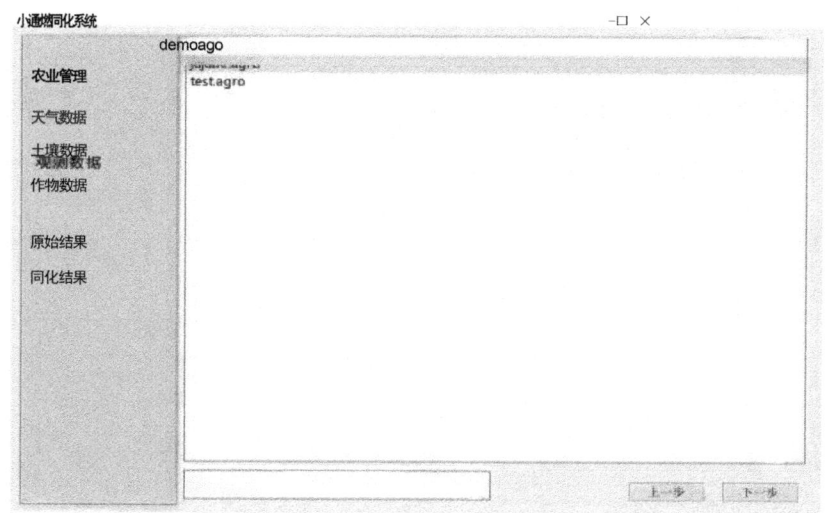

图 4.7 农业管理功能模块

2. 作物数据

以往研究表明，TDWI 和 SPAN 参数在作物生长模型的区域应用中具有很大的不确定性。通过同化方法对这两个参数进行优化后，可以显著提高作物产量的估算精度。初始生长速率和最大叶面积指数随 TDWI 的增加而增加，但最后会逐渐降低。SPAN 决定了绿叶变褐的速率，影响生长季后期的叶片衰老速率和有效绿叶指数。此外，SPAN 在一定程度上解释了水分、营养胁迫、昆虫和疾病因素对作物生长和产量的影响。因此，输入 TDWI 和 SPAN 参数后通过同化遥感 LAI 进行选择和重新校准，本研究采取 TDW 为 20，SPAN 为 60。

3. 土壤数据

基于前人的研究发现，对模拟结果影响因素比较大的一般是作物数据，所以本研究直接使用前人的土壤数据，田间持水量（Soil Moisture Content at Field Capacity，SMFCF）为 0.198，饱和土壤含水量（Soil Moisture Content at Saturation，SMO）为 0.39。

4. 气象数据

本研究中阿拉尔地区的日温度（最高温、最低温）、日平均风速、日降雨量、日辐射量和日气象数据(2017年)直接或间接来源于中国气象局网站。根据天气数据变量(表4.1)创建245天的气象数据(2017年3月1日—10月31日)的Excel表格文件A1aer.xlsx。

5. 观测数据

本研究中使用地面观测值LAI进行同化估产测试,该软件使用者根据需求使用遥感数据LAI(遥感反演LAI的简单使用过程请参考2.3节)或者地面实测值LAI。在遥感同化系统的观测数据界面(图4.8)中输入1个果园的观测数据(如表4.4所示),为同化操作提供必要的参数值。

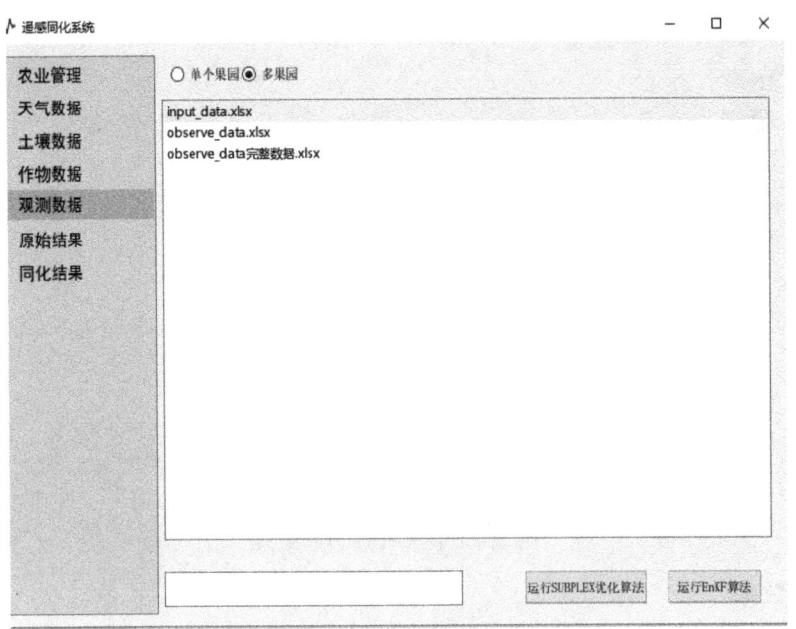

图4.8 观测数据界面

表4.4 1个果园4个时期的LAI

日期	LAI
2017-06-09	0.54
2017-07-27	2.12
2017-08-12	1.87
2017-08-28	1.95

4.5.3 系统功能运行

在遥感同化系统界面中选择测试的5种数据,包含农业管理数据、作物数据、土壤数据、气象数据以及观测数据。单击需要测试的功能,从而计算分析遥感同化的结果。

1. 运行 EnKF 同化方法

选用 4.5.2 节的测试数据,单击"运行 EnKF 方法",运行 EnKF 同化方法,执行过程中会显示进度条,最终运行结果如图 4.9 所示。图 4.9 是未同化与 EnKF 同化之后的生长过程,图 4.9(a)为骏枣在不同时间点的 LAI 趋势图,可以发现,利用 EnKF 方法同化后的模拟值 LAI 与观测值 LAI 吻合良好。图 4.9(b)~(f)分别表示枣树的地上总生物量干重(TAGP)、储存器官总重量(TWSO)、叶子干重(TWLV)、茎总重量(TWST)和蒸腾速率(TRA)。

彩图 4.9

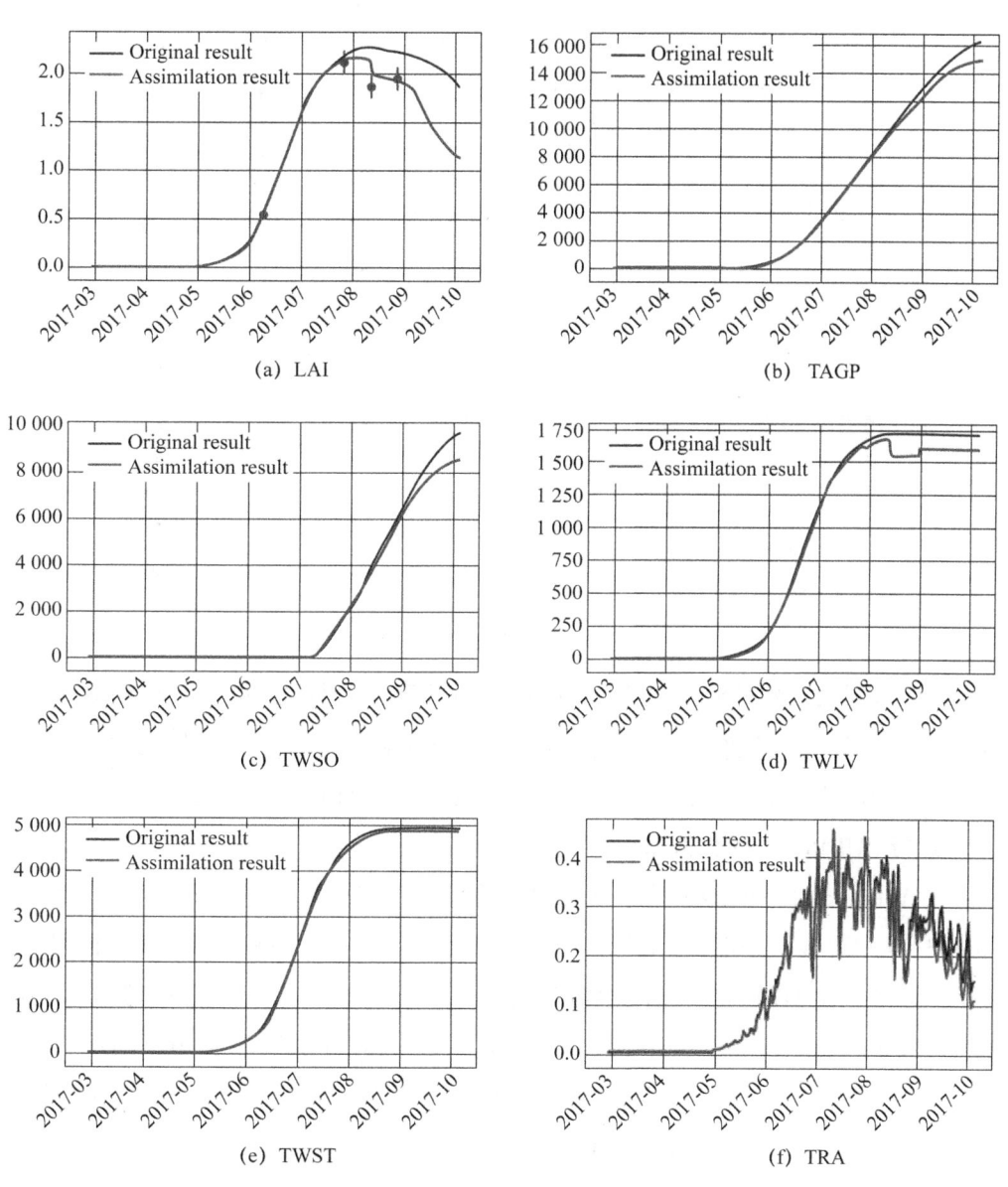

图 4.9 未同化与 EnKF 同化的结果对比图

2. 批量运行遥感同化

为了测试本系统批量运行功能的可用性以及性能,本次将用55个骏枣果园4个时期(2017年6月9日、2017年7月27日、2017年8月12日和2017年8月28日)的地面观测LAI数据进行了EnKF或SUBLPLEX的多果园批量同化处理,运行结果如图4.10所示。

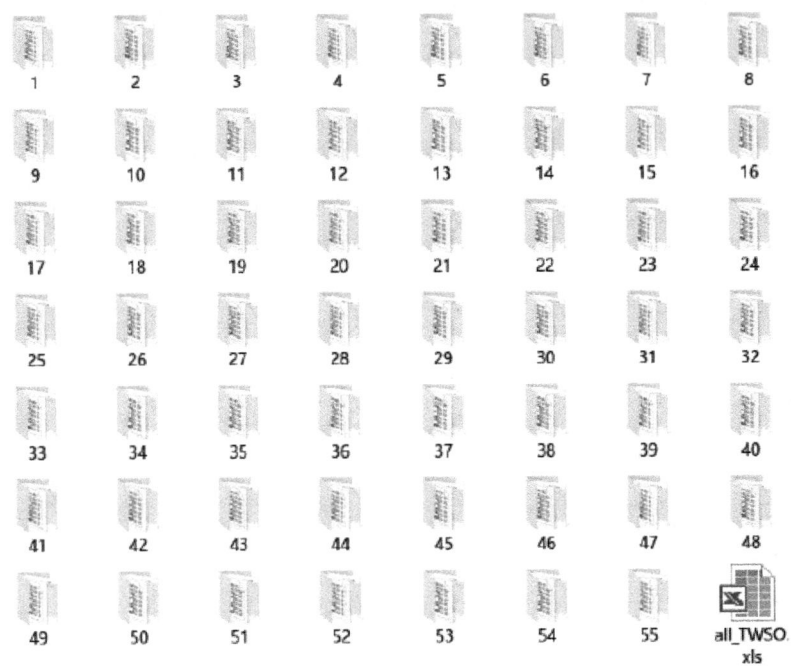

图4.10 多果园批量同化结果

因为批量同化产生的图片过多,所以批量对骏枣进行同化,将生成相同数量的文件夹,并统计所有的骏枣产量,all TWSO.xls文件即为总产量。每个文件夹中包含对应序号果园的未经同化的生长趋势和产量以及经同化后的生长趋势和产量。

3. 运行SUBPLEX同化方法

同样选用4.5.2节的测试数据,单击"运行SUBPLEX方法",运行SUBPLEX同化方法,执行过程中会显示进度条,最终运行结果如图4.11所示。骏枣枣树在不同时间点的LAI趋势如图4.11(a)所示,可以发现,利用SUBPLEX方法同化后的模拟值LAI与观测值的误差较小(误差棒的值为0.05)。图4.11(b)~(h)分别表示骏枣枣树的发展阶段(DVS)、地上总生物量干重(TAGP)、储存器官总重量(TWSO)、叶子干重(TWLV)、茎总重(TWST)、根总重(TWRT)、蒸腾速率(TRA)。

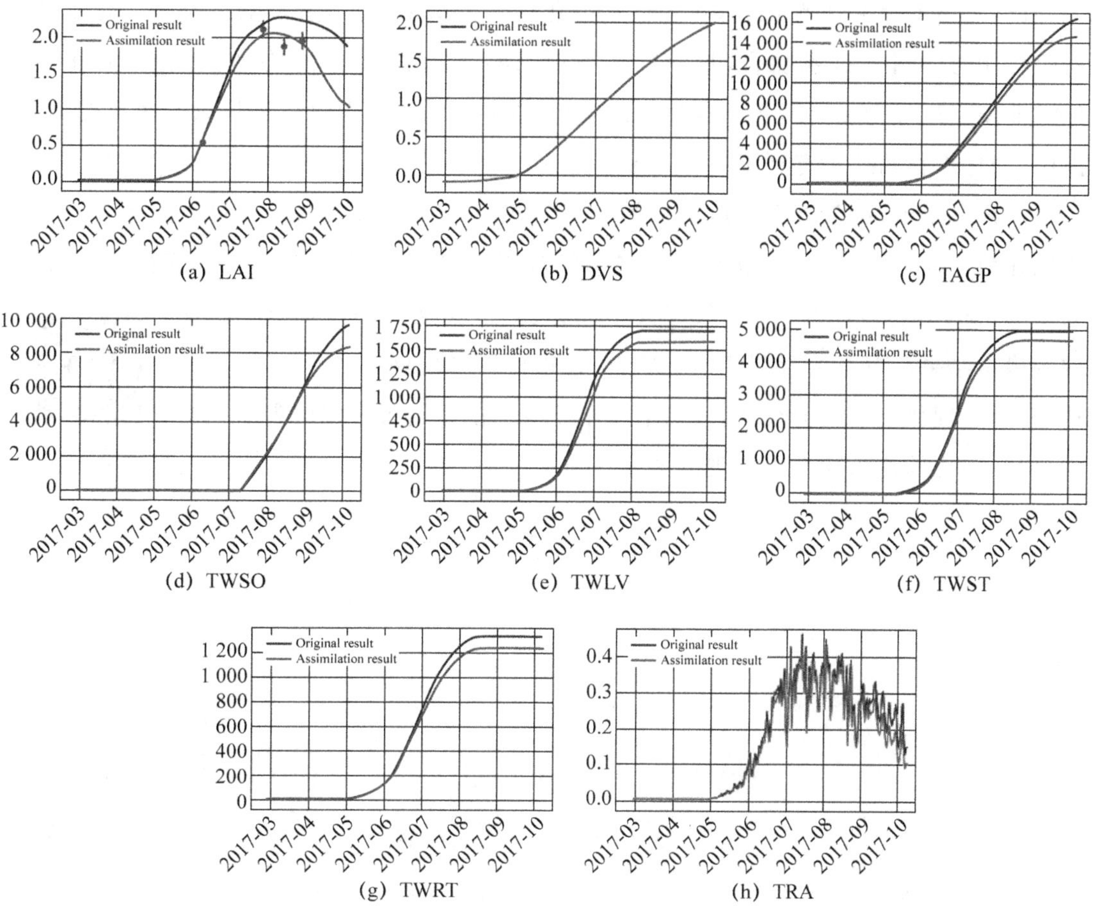

图 4.11 运行 SUBPLEX 同化方法的结果对比图

彩图 4.11

4.5.4 同化结果评价

根据 4.4 节的遥感系统设计与实现,对系统的基础功能进行测试。选择与骏枣相关的作物数据、阿拉尔天气数据、骏枣田间土壤数据、田间农业管理数据,用于与遥感观测数据同化。

1. 田间单点叶面积指数同化结果及分析

以 1 个果园为样本,在 4 个关键生长阶段观察到的 LAI 分别为 0.54、2.12、1.87 和 1.95。图 4.12 直观地显示了观测值对模拟值的影响。在观测到 LAI 的每个时间步长内,集合中的不确定性都显著降低,这可以通过模拟集合中可变性的降低来证明,红线曲线表示最终的模拟状态变量。潜在模式下,从 EnKF 同化 LAI 的结果中可以发现,同化后的 LAI 曲线会有下降趋势,这是因为同化后的 LAI 会在预测值与观测值之间,曲线会向观测 LAI 靠拢。

此外,当不存在观测 LAI 时,LAI 的变化依靠模型来模拟,造成的后果是变化幅度或趋势可能与观测 LAI 不吻合,从而导致模拟 LAI 与观测 LAI 存在较大差别,同化后的 LAI 曲线产生波动或者跳跃。这很好地解释了同化后的 LAI 曲线为什么有明显的锯齿。因此,同化步长的缩小有利于减少 LAI 的波动。

从数值上看,由于模型使用潜在模式,作物处于理想生长状态,导致模拟的数值较高于同化值。而经同化后,模拟 LAI 与较低的观测 LAI 融合,数值不会高于直接模拟结果。与观测 LAI 相比,同化后的结果与其不同,观测值早期高而后期低。这是因为模拟结果与较早的观测值同化后,LAI 很低,导致模型认为作物受到胁迫,相应的理化参数也会改变,模拟值会小于观测值。这很好地解释了同化中后期,同化的值为什么小于观测值。

彩图 4.12

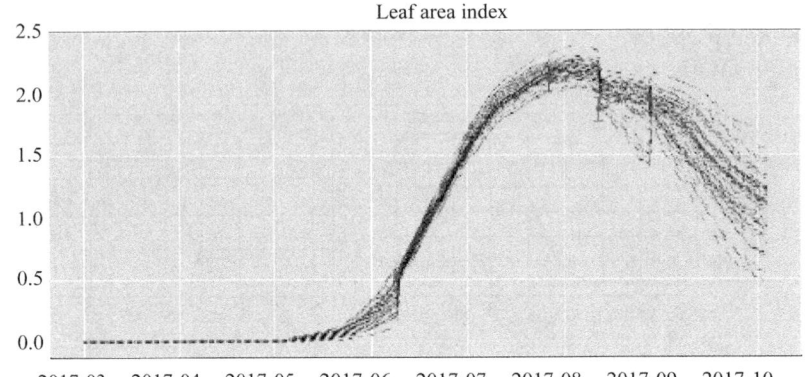

图 4.12 同化拟合 LAI

不同集合大小对产量预测结果的影响。图 4.12 中数据显示增大集合可以提高产量预测的精度,但是随着集合的增大,将会减弱改进的效果。在本研究中,继续增大集合对预测结果的影响就微乎其微了,而且前人的研究中也表明,这种尺度可以实现良好的同化性能。

测试结果证明,对于像 PCSE-WOFOST 这样的作物生长模型,50 个大小的集合就足以代表模型中的不确定性。因此,定义集合的大小为 50,将其设定为具有可再现的随机数序列的随机种子,并计算卡尔曼滤波器以及扰动它的观测值、协方差和均值,对每一个可用观测值进行重复计算,当代价函数达到最小值或迭代超过一定次数限制(1 000 次)时,得到的参数即为优化参数[58-60]。利用 TDWI 和 SPAN 对参数输入模型进行优化,最终得到的结果为骏枣的产量信息。PCSE-WOFOST 模型可在作物成熟期前 1d 间隔时间内输出作物的实时产量数据,用于评价不同时期作物长势。

2. EnKF 和 SUBPLEX 同化估产结果分析

利用地面实测值 LAI，对 55 个骏枣果园分别进行 EnKF 同化、SUBPLEX 同化和不同化的产量估算，结果如表 4.5 所示。

表 4.5 估算产量的比较

情况	平均产量/(t·hm^{-2})	R^2	RMSE/(t·hm^{-2})
田间实测值	7.931		
未同化的模拟结果	8.271	0.58	0.95
EnKF 同化结果	7.717	0.81	0.65
SUBPLEX 同化结果	7.707	0.86	0.55

结果表明，没有同化的 PCSE-WOFOST 模拟产量高估了实际平均产量，误差为 12.1%。与未同化的结果相比，EnKF 和 SUBPLEX 都显著提高了产量估计的准确性，明显高于没有同化的模拟，R^2 更高，RMSE 更低。此外，对于最大产量估算，EnKF 较为准确，而对于最小产量估算，SUBPLEX 相对准确。在 PCSE-WOFOST 模型中，利用实地测量的 LAI 进行骏枣同化，产量估算结果表明，EnKF 和 SUBPLEX 有可能成为一种有效的骏枣同化方法。

4.6 总结与展望

4.6.1 总结

本研究进行了田间尺度的骏枣产量评估的遥感同化方案的研究，主要内容包括以阿拉尔骏枣为测试对象，使用 PCSE-WOFOST 作物生长模型运行所需的阿拉尔市的天气、土壤、田间管理和作物参数数据，选定了模型生态型参数、品种型参数、土壤参数、田间管理参数；采用了两种遥感同化方案，通过田间数据验证本研究方案及方法的可行性，并最终实现了 PC 端作物遥感同化估产系统。

本研究主要工作及结论如下。

（1）基于 EnKF 的枣树生长模型同化系统构建

研究将基于 EnKF 同化方案应用于 PCSE-WOFOST 作物生长模型估产中，构建基于 EnKF 算法的作物生长模型同化方案，以骏枣地面试验站点时间序列 LAI 观测数据为同化数据，并应用地面实测骏枣产量数据，发现基于该同化算法的结果比未同化的 PCSE-WOFOST 模型更优。

（2）基于 SUBPLEX 的枣树生长模型同化系统构建

综合考虑新疆阿拉尔地区骏枣田间管理实际，应用 SUBPLEX 优化算法构建 PCSE-WOFOST 作物生长模型参数同化系统，并用新疆阿拉尔地区骏枣地面观测数据进行了同化试验验证，通过对比发现，基于该优化算法的精度比基于 EnKF 同化方案更高。

（3）田间尺度骏枣的遥感同化可视化界面搭建

使用 Python+PyQt5 搭建用户界面，最终完成软件开发。用户可以在该软件中自行增加、删除或选择目标数据文件以及批量遥感同化多个果园等功能。通过系统测试发现，SUBPLEX 和 EnKF 都显著提高了产量估计的准确性。该遥感同化系统对骏枣估产具有可行性。

4.6.2 展望

本研究对田间尺度骏枣的产量估算方案研究工作中，受限于本人学识水平，研究中存在很多不足之处。针对研究过程中出现的问题和后续研究提出以下建议。

① 本研究只是将 LAI 作为作物生长模型与遥感数据的连接点进行同化，只能片面地反映作物的生长状况，后续研究将考虑多变量同时同化来进行产量预测。

② 设计并构建的同化方案仅考虑了同化观测数据、模型模拟过程误差和模型初始参数等不确定性因素对同化结果的影响，并未考虑天气在空间上的不确定影响。因此，在今后的研究中，综合考虑驱动因子、模型参数以及模拟状态等不确定性影响将是同化技术要解决的问题。

③ 当前研究只针对田间尺度的骏枣估产，有待将田间尺度改进为更大的区域。

参 考 文 献

[1] 刘润平. 红枣的营养价值及其保健作用[J]. 中国调味品食物与营养, 2009(12): 50-52.

[2] 中华人民共和国国家统计局[DB/OL]. (2020-03-20). http://data.stats.gov.cn/search.htm？s=枣.

[3] 陈娇, 毛一凡, 闾亚, 等. 农林牧渔行业深度专题：红枣产业研究[R]. 上海：兴业证券, 2019.

[4] 王人潮, 朱德峰. 水稻单产遥感估测建模研究[J]. 遥感学报, 1998(2):119-124.

[5] 李书娟, 曾辉. 遥感技术在景观生态学研究中的应用[J]. 遥感学报, 2002, 6(3): 233-240.

[6] 周彤,刘涛,武威,等.几种常见作物模型的研究进展及其参数优化[J].上海农业学报,2017,33(4):152-159.

[7] 李卫国,李正金,申双和.小麦遥感估产研究现状及趋势分析[J].江苏农业科学,2009(2):6-7.

[8] 任建强,陈仲新,周清波,等.MODIS植被指数的美国玉米单产遥感估测[J].遥感学报,2015,19(4):568-577.

[9] 陈述彭.地理信息系统导论[M].北京:科学出版社,1999.

[10] 王鹏新,齐璇,李俐,等.基于随机森林回归的玉米单产估测[J].农业机械学报,2019,50(7):237-245.

[11] 王恺宁,王修信.多植被指数组合的冬小麦遥感估产方法研究[J].干旱区资源与环境,2017,31(7):44-49.

[12] 王亚莉,贺立源.作物生长模拟模型研究和应用综述[J].华中农业大学学报,2005,24(5):529-535.

[13] 杨宝祝,赵春江.作物生长发育模拟模型研究进展与存在的问题[J].北京农业科学,1995(6).

[14] HIJMANS R J, LENS I, DIEPEN C. WOFOST 6.0: user's guide for the WOFOST 6.0 crop growth simulation model[J]. DLO Winand Staring Centre, 1994.

[15] JONES J W, HOOGENBOOM G, PORTER C H, et al. The DSSAT cropping system model[J]. European Journal of Agronomy, 2003, 18(3/4): 235-265.

[16] LI J, ZHENG A, SONG Z, et al. Design and implementation of a web-based GIS/CCSODS/ES system[C]//Progress of Information Technology in Agriculture. Tianjin Agrotechnique Extending Station, Tianjin, China, 2004.

[17] 王东伟.遥感数据与作物生长模型同化方法及其应用研究[D].北京:北京师范大学,2008.

[18] 李颖,陈怀亮,田宏伟,等.同化遥感信息与WheatSM模型的冬小麦估产[J].生态学杂志,2019,38(07):2258-2264.

[19] 刘峰,李存军,董莹莹,等.基于遥感数据与作物生长模型同化的作物长势监测[J].农业工程学报,2011,27(10):101-106.

[20] RODRIGUEZ J C, DUCHEMIN B, HADRIA R, et al. Wheat yield estimation using remote sensing and the STICS model in the semiarid Yaqui valley, Mexico[J]. Agronomie, 2004, 24(6/7): 295-304.

[21] MOREL J, TODOROFF P, BÉGUÉ A, et al. Toward a satellite-based system of

sugarcane yield estimation and forecasting in smallholder farming conditions: a case study on Reunion Island[J]. Remote Sensing, 2014, 6(7): 6620-6635.

[22] BARKER D M, HUANG W, GUO Y R, et al. A three-dimensional variational data assimilation system for MM5: implementation and initial results[J]. Monthly Weather Review, 2004, 132(4): 897-914.

[23] LORENC A C. The potential of the ensemble Kalman filter for NWP—a comparison with 4D-Var[J]. Quarterly Journal of the Royal Meteorological Society, 2003, 129(595): 3183-3203.

[24] SHI Y H, EBERHART R C. Empirical study of particle swarm optimization [C]//Congress on Evolutionary Computation. IEEE, 2002.

[25] 邢会敏,李振海,徐新刚,等. 基于遥感和 AquaCrop 作物模型的多同化算法比较[J]. 农业工程学报, 2017, 33(13): 183-192.

[26] STEINBRUNN M, MOERKOTTE G, KEMPER A. Heuristic and randomized optimization for the join ordering problem[J]. The VLDB Journal, 1997, 6(3): 191-208.

[27] DUAN Q Y, SOROOSHIAN S, GUPTA V K. Optimal use of the SCE-UA global optimization method for calibrating watershed models[J]. Journal of Hydrology, 1994, 158(3): 265-284.

[28] WAGNER M P, SLAWIG T, TARAVAT A, et al. Remote sensing data assimilation in dynamic crop models using particle swarm optimization[J]. ISPRS International Journal of Geo-Information, 2020, 9(2): 105.

[29] BAI T C, WANG S G, MENG W B, et al. Assimilation of remotely-sensed LAI into WOFOST model with the SUBPLEX algorithm for improving the field-scale jujube yield forecasts[J]. Remote Sensing, 2019, 11(16): 1945.

[30] 黄健熙,武思杰,刘兴权,等. 基于遥感信息与作物模型集合卡尔曼滤波同化的区域冬小麦产量预测[J]. 农业工程学报, 2012(04): 142-148.

[31] DE WIT A J W, VAN DIEPEN C A. Crop model data assimilation with the Ensemble Kalman filter for improving regional crop yield forecasts[J]. Agricultural and Forest Meteorology, 2007, 146(1/2): 38-56.

[32] PCSE: The Python Crop Simulation Environment[EB/OL]. (2020-03-10). https://pcse.readthedocs.io/.

[33] BOOGAARD H L, DE WIT A J W, TE ROLLER J A, et al. WOFOST control

centre 2.1: user's guide for the WOFOST control centre 2.1 and the crop growth simulation model WOFOST 7.1.7[M]. Wageningen: Alterra, 2014.

[34] VAN KRAALINGEN D W G, RAPPOLDT C, VAN LAAR H H. The Fortran simulation translator, a simulation language[J]. European Journal of Agronomy, 2003, 18(3/4): 359-361.

[35] 李新, 摆玉龙. 顺序数据同化的 Bayes 滤波框架[J]. 地球科学进展, 2010, 25(05): 515-522.

[36] BAI T C. Improving jujube fruit yield estimation by assimilating a remotely sensed leaf area index into the WOFOST model[D]. University of Liege, 2020.

[37] EVENSEN G. Sequential data assimilation with a nonlinear quasi-geostrophic model using Monte Carlo methods to forecast error statistics[J]. Journal of Geophysical Research: Oceans, 1994, 99(C5): 10143-10162.

[38] EVENSEN G. Inverse methods and data assimilation in nonlinear ocean models [J]. Physica D: Nonlinear Phenomena, 1994, 77(1/2/3): 108-129.

[39] WELCH G. Kalman filter[J]. Siggraph Tutorial, 2001.

[40] EVENSEN G. The ensemble Kalman filter for combined state and parameter estimation[J]. IEEE Control Systems Magazine, 2009, 29(3): 83-104.

[41] BURGERS G, JAN VAN LEEUWEN P, EVENSEN G. Analysis scheme in the ensemble Kalman filter [J]. Monthly Weather Review, 1998, 126 (6): 1719-1724.

[42] OTT E, HUNT B R, SZUNYOGH I, et al. A local ensemble Kalman filter for atmospheric data assimilation [J]. Tellus A: Dynamic Meteorology and Oceanography, 2004, 56(5): 415.

[43] 张生雷, 谢正辉, 师春香, 等. 集合 Kalman 滤波在土壤湿度同化中的应用[J]. 大气科学, 2008, 32(6): 1419-1430.

[44] 杜娟, 刘朝顺, 高炜. 基于集合卡尔曼滤波的土壤温湿度同化试验[J]. 气象科学, 2016, 36(2): 184-193.

[45] 张显峰, 赵杰鹏. 干旱区土壤水分遥感反演与同化模拟系统研究[J]. 武汉大学学报(信息科学版), 2012, 37(7): 794-799.

[46] WACKERNAGEL H. Geir evensen: data assimilation—the ensemble Kalman filter, 2nd edn[J]. Mathematical Geosciences, 2010, 42(8): 1001-1002.

[47] XIE X H, ZHANG D X. Data assimilation for distributed hydrological catchment

modeling via ensemble Kalman filter[J]. Advances in Water Resources, 2010, 33(6): 678-690.

[48] 马建文, 秦思娴. 数据同化算法研究现状综述[J]. 地球科学进展, 2012, 27(7): 747-757.

[49] 马建文. 数据同化算法研发与实验[M]. 北京: 科学出版社, 2013.

[50] 王皓玉. 遥感数据同化算法研发与系统集成[D]. 北京: 中国科学院大学, 2012.

[51] 黄健熙, 李昕璐, 刘帝佑, 等. 顺序同化不同时空分辨率LAI的冬小麦估产对比研究[J]. 农业机械学报, 2015, 46(01): 240-248.

[52] Rowan T H. Functional stability analysis of numerical algorithms[D]. The University of Texas at Austin. 1990.

[53] King A A. Subplex: subplex optimization algorithm[EB/OL]. https://github.com/kingaa/subplex/.

[54] BARTON R R, IVEY J S Jr. Nelder-mead simplex modifications for simulation optimization[J]. Management Science, 1996, 42(7): 954-973.

[55] PyCharm: thepython IDE for professional developersby JetBrains[EB/OL]. (2020-05-10). https://www.jetbrains.com/pycharm/.

[56] NLopt: NLopt documentation[EB/OL]. (2020-05-10). https://nlopt.readthedocs.io/.

[57] 王利民, 姚保民, 刘佳, 等. 基于SWAP模型同化遥感数据的黑龙江南部春玉米产量监测[J]. 农业工程学报, 2019, 35(22): 285-295.

[58] 姜志伟. 区域冬小麦估产的遥感数据同化技术研究[D]. 北京: 中国农业科学院, 2012.

[59] 王丽媛. 遥感数据与作物模型同化的冬小麦估产研究[D]. 杭州: 浙江大学, 2018.

[60] 姜浩. 基于作物模型同化遥感物候信息的冬小麦估产方法研究[D]. 成都: 电子科技大学, 2011.